乡村振兴背景下美丽乡村公共空间营造与创新设计研究

Research on the creation and innovative design of beautiful rural public space under the background of rural revitalization

李 季◎著

中国财经出版传媒集团
经济科学出版社
Economic Science Press
北京

图书在版编目（CIP）数据

乡村振兴背景下美丽乡村公共空间营造与创新设计研究/李季著. --北京：经济科学出版社，2023.8

ISBN 978-7-5218-5031-4

Ⅰ.①乡… Ⅱ.①李… Ⅲ.①乡村规划-研究-中国 Ⅳ.①TU982.29

中国国家版本馆CIP数据核字（2023）第159007号

责任编辑：杨 洋 杨金月

责任校对：王肖楠

责任印制：范 艳

乡村振兴背景下美丽乡村公共空间营造与创新设计研究

李 季 著

经济科学出版社出版、发行 新华书店经销

社址：北京市海淀区阜成路甲28号 邮编：100142

总编部电话：010-88191217 发行部电话：010-88191522

网址：www.esp.com.cn

电子邮箱：esp@esp.com.cn

天猫网店：经济科学出版社旗舰店

网址：http://jjkxcbs.tmall.com

北京季蜂印刷有限公司印装

710×1000 16开 12.25印张 150000字

2023年8月第1版 2023年8月第1次印刷

ISBN 978-7-5218-5031-4 定价：44.00元

前言 Preface

乡村振兴是党的十九大报告中提出的重要战略，是推进全面建设社会主义现代化国家、实现中华民族伟大复兴的重大历史任务。在乡村振兴的过程中，美丽乡村公共空间的建设十分重要，不仅可以提升农村面貌，同时也可以改善农民的居住环境，提高全社会的文化和精神面貌，促进农村经济社会的持久稳定发展。

本书选择“美丽乡村公共空间营造与创新设计”作为研究主题，旨在探究在乡村振兴背景下，如何通过公共空间营造和创新设计来打造美丽乡村。本书共分为十章，从理论研究到具体设计，从绿化设计到文化传承，全面探讨美丽乡村公共空间的营造和创新。

本书将带领读者探究美丽乡村公共空间建设的理念与原则，重点介绍美丽乡村景观、建筑和绿化设计，并探讨其与生态文明和文化传承的关系。同时，本书还提供了管理和维护乡村公共空间的实用方法，以确保美丽乡村公共空间的可持续发展和营造的有效性。此外，还将研究美丽乡村公共空间对农村经济发展的促进作用，旨在为乡村振兴提供借鉴和实践指导。

总之，本书旨在指导乡村振兴工程中的美丽乡村公共空间建设，为农村的可持续发展和现代化进程提供助力，同时也将有利于促进全社会文化素质的提高。通过本书对于美丽乡村公共空间的营造和创新的探究，我们希望能够为乡村振兴工程提供参考和借鉴，助力实现美丽乡村的梦想。

本书受2022年度辽宁省教育厅基本科研项目支持，项目名称：“乡村振兴背景下辽宁美丽乡村公共空间营造与创新设计研究”，项目编号：LJKMR20220869。

目录 Contents

第一章 绪 论

第一节 研究背景和意义

随着中国经济的快速发展，城镇化进程持续推进，乡村面临着越来越大的发展压力和挑战。为了推进乡村振兴，政府、企业和民间组织纷纷加强对乡村发展的投入和支持。在乡村振兴的背景下，美丽乡村公共空间营造与创新设计已成为乡村发展的新方向和新要求。本节将探讨乡村振兴背景下美丽乡村公共空间营造与创新设计研究的研究背景和意义。

一、研究背景

（一）乡村振兴政策的实施

乡村振兴是当前中国改革开放以来的一个重大战略方针，也是新时期中国式现代化建设的重要战略。乡村振兴战略的核心思想是以乡村发展为重点，以乡村产业、农村人口、乡村社会和乡村环境为重要关注对象，推动乡村经济和社会的全面发展。而美丽乡村建设，则是乡村振兴战略中的重要方向和核心内容。

在乡村振兴政策的推动下，乡村发展的工作重心已经从单纯的农业生产向综合性发展转移，美丽乡村建设成为乡村振兴战略的重要内容。美丽乡村建设的核心目标是提高乡村生态环境质量，改善乡村基础设施和公共服务条件，促进城乡一体化发展，同时保留和传承乡村特色文化。

乡村振兴的战略意义和成效正在逐渐显现，不断地推动着乡村经济和社会的发展。乡村振兴战略的落实，将直接和间接增强农村地区的辐射力，提高农村经济增长的潜力，同时对国家社会稳定和社会和谐发展具有重要的意义。

在乡村振兴的整个发展过程中，美丽乡村建设扮演了重要的角色。通过美丽乡村的建设，可以提高乡村生活质量，促进乡村居民的文化和社会素质的提升，加快乡村生态化、文化化、现代化的发展，增强乡村文化软实力和影响力，带动乡村经济和社会的进一步发展。

总之，乡村振兴是我国此时此刻的重要战略，而美丽乡村建设则是乡村振兴战略中的重要内容。在美丽乡村建设的推动下，中国农村将迎来更加美好和繁荣的未来。

（二）乡村人口流失和城镇化

近年来，随着城镇化的不断推进，大量农民纷纷离开故土，向城市转移，导致了乡村人口流失问题的日益严重。由于这些年轻人背井离乡，导致乡村社区和农村经济无法得到有效的发展和增长，同时留下的乡村老年人口也面临着生活质量和工作条件的严重挑战。乡村基础设施和公共服务条件也严重不足，需要通过美丽乡村建设来改善和解决这些问题。

乡村人口的流失对乡村地区的经济和社会发展有着深远的影响。农村人口越来越少，会导致乡村农业发展的停滞和崩溃，而且缺乏年轻人的劳动力，也会限制乡村地区产业和经济的发展。这种情况不仅影响到了乡村经济的发展，也会严重影响到乡村居民的生活质量，许多农村地区缺乏净水、电力、交通等基础设施，乡村公共服务设施也缺乏投入，导致很多乡村地区生活条件极其不便，居住环境差的现象比比皆是。

这些问题都需要通过美丽乡村建设来解决。美丽乡村建设的核心，就是要提高乡村环境质量和乡村社区的公共服务设施，打造乡村景观化、文化化、生态化的发展模式，吸引回流乡村人口，吸引社会资源，促进乡村经济的发展和进步。

这意味着需要大力投资于乡村的基础设施建设和公共服务设施建设，使农村地区的交通、电力、通信、医疗等基本公共服务设施逐步完善和优化，同时注重乡村文化和历史遗迹的保护，提高乡村地区的文化软实力。这样，在乡村建设和美化过程中，可以吸引回流乡村人口，为乡村社区的经济发展和长远发展提供有力支持。

总的来说，乡村人口流失和城镇化构成了我国重大的社会问题。而美丽乡村建设则是解决这些问题的有效方法之一。通过美丽乡村建设，乡村地区将迎来更美好的明天，为乡村经济和社会的发展提供有力保障，同时也将进一步推动实现乡村振兴战略的宏伟目标。

（三）旅游业的兴起

随着城市化的快速发展，城市饱和和城市人们对乡村自然气息的追求催生了乡村旅游的兴起。乡村旅游成为现代人远离城市喧嚣的理想去处，越来越多的城里人开始在节假日里前往乡村旅游，体验纯净、自然和安静。

乡村旅游的兴起，催生了包括休闲景点、文化农庄等乡村旅游项目的发展，这些项目大多以乡村的自然气息和乡村文化为基础，吸引了众多游客前来体验与享受。此外，乡村旅游也有利于当地产业的发展，为乡村居民提供更多的就业机会和带动当地经济发展。

然而，乡村旅游也面临一些挑战。乡村地区的基础设施和公共服务条件相对落后，缺乏相应的投资和营销，难以满足游客的需求和期望。而且乡村旅游目前大多集中在景区开发和旅游消费品牌推广等方面，缺乏具有核心竞争力的高品质红色旅游项目，前景不甚乐观。

为了实现乡村旅游的可持续发展，必须注重美丽乡村设施建设和环境营造。例如，对于乡村环境的营造，要注重乡村自然生态、民俗文化和历史遗产等方面的保护和传承，同时推进农村的卫生和环境整治，提高乡村的品质和形象。另外，应加强乡村旅游的市场开发和营销，结合当地的文化底蕴，打造多元化的乡村旅游产品形态，增加游客的留宿时间和旅游消费。

总的来说，乡村旅游的兴起促进了乡村经济和社会的发展，为城市人们提供了一处远离喧嚣的休憩胜地。同时，为了实现乡村旅游的可持续发展，必须优化乡村基础设施和公共服务设施，并加强乡村旅游的市场开发和营销。这样，就能够实现乡村旅游的可持续发展目标，为乡村经济和社会的发展作出积极贡献。

二、研究意义

（一）提升乡村生活质量

乡村生活质量一直以来都是一个备受关注的问题，在城市化进程日益加快的今天，建设美丽乡村公共空间已经成为提升乡村生活质量的一种主要方式，它可以为乡村居民提供更好的生活和娱乐环境，促进农民和留守儿童的身心健康，有助于让更多的年轻人回归乡村。

乡村公共空间建设具有多种形式，例如，通过建设多功能公共空间、公共服务设施，提供便利服务和丰富多样的文化活动。这些设施一方面满足了居民的基本需求，另一方面也吸引了更多的年轻人在乡村购房、创业和养老。同时，在建设乡村公共空间的过程中，应该注重乡村特色文化的传承，让居民在自己的乡村里感受到独特的乡村风情和历史文化，激发他们对生活的热爱和归属感。

建设美丽乡村公共空间不仅可以提高乡村居民生活的舒适度和幸福感，同时也可以促进农村景区、乡村旅游的发展，形成以农业、旅游等为支柱的多种产业融合发展的新模式，提高乡村经济发展速度和活力。其中，乡村旅游可以刺激更多居民参与乡村建设和乡村经济发展，同时也为外来游客提供了了解乡村、享受自然环境的新方式。

在美丽乡村公共空间建设中，各级政府应该积极地发挥引导和带领作用，指导乡村规划，统筹协调各种公共资源的配置，打造以人为本的公共空间和服务，让乡村公共空间不仅有吸引力，还能充分满足居民和游客的需求，提高乡村的知名度和美誉度，最终实现乡村振兴。

总之，建设美丽乡村公共空间，对于提升乡村生活质量、促进乡村经济发展和振兴乡村具有重要意义。各级政府和乡村居民一起共同努力，在乡村公共空间建设中发挥各自的作用，打造出更加美好的乡村生活和文化环境。

（二）促进乡村经济发展

乡村经济发展一直以来都是一个备受关注的问题，在城市化进程日益加快的今天，建设美丽乡村公共空间已经成为推进乡村经济发展的一种重要方式，它可以提高土地利用效率，吸引更多的投资和产业进驻，实现农村产业的现代化转型。

通过美丽乡村公共空间建设，可以提高土地利用效率。当前，大量土地在乡村得不到良好的利用，往往被闲置或者低效利用。美丽乡村公共空间可以规划合理利用这些土地资源，建设文化、娱乐、休闲、健身等多功能的公共空间，进一步完善基础设施建设，提高公共服务水平，提供创业和发展的平台，吸引更多的投资和产业进驻，拓展新的产业领域，实现乡村经济的转型升级。

此外，美丽乡村公共空间建设也是农村产业现代化转型的重要手段。通过建设现代农业产业园区，种植绿色、无公害、有机的农产品，养殖优质畜禽等，培育高端农业产业和农村新经济，进一步推动乡村经济的转型升级。同时，在建设美丽乡村公共空间的过程中，也可以通过深入挖掘乡村的文化特色，开发农村旅游、民俗文化等资源，实现产业的多元化发展，推动全域旅游，拓展乡村经济增长点。

进一步来看，在乡村旅游业的发展中，美丽乡村将成为乡村旅游业不可或缺的环节，进一步推动乡村经济发展。通过打造美丽的自然环境、文化氛围和特色产品、服务，吸引更多的游客来乡村旅游，增加当地居民的收入和就业机会。同时，乡村旅游也可以激发更多居民参与乡村建设和乡村经济发展，推动产业的多元化发展，形成强大的乡村产业链，促进全域旅游的健康发展。

总之，建设美丽乡村公共空间，不仅有利于提升土地利用效率，也可以推进农村产业的现代化转型，促进乡村经济发展。同时，通过开发乡村旅游业，美丽乡村也将成为乡村旅游业不可或缺的环节，进一步推动乡村经济的发展壮大。政府和乡镇居民应该共同努力，建设美丽乡村公共空间，不断推动乡村经济的繁荣发展。

（三）提升乡村形象和文化底蕴

随着城市化进程的不断加快，越来越多的人开始重视乡村文化、历史和传统特色。建设美丽乡村公共空间，是展示乡村历史、文化和传统特色的一种重要手段，它不仅可以提升乡村形象和品质，而且能够有效地保护和传承乡土文化，增加乡村文化知名度和认知度。

首先，建设美丽乡村公共空间可以提升乡村形象和品质。在建设美丽乡村的过程中，可以通过改善道路、绿化、灯光等基础设施，打造出安全、干净、美丽的公共空间，增强乡村形象的吸引力和景观价值。同时，通过规划合理利用土地资源，建设多功能、高品质的公共设施和服务，提升乡村居民的幸福感和生活质量，激发居民对乡村的归属感和认同感。

其次，建设美丽乡村公共空间可以展示乡村的历史、文化和传统特色。在建设中，可以充分挖掘乡村的文化遗产和历史故事，规划合理利用这些资源，建设展示区、文化广场、民俗文化村等公共空间，以此突出乡村独特的文化特色和民俗风情，吸引更多游客前来参观和游览，增加乡村的知名度和认知度。

最后，建设美丽乡村公共空间可以有效地保护和传承乡土文化。在乡村公共空间建设中，可以设立文化展示馆、文化传承中心等设施，将乡村的历史、文化和传统特色进行深入挖掘、研究和展示，保护和传承乡土文化，让它们在公众面前得到展示与传承。

综上所述，建设美丽乡村公共空间，既可以提升乡村形象和品质，吸引更多游客前来参观和游览，也能够保护和传承乡土文化，增加乡村文化知名度和认知度。在未来的乡村公共空间建设中，应该注重发掘和彰显乡村的文化底蕴，进一步提升乡村的形象品质，打造出更加美丽、富有魅力的乡村公共空间，为乡村经济和社会发展注入新的活力和动力。

第二节　研究目的和内容

一、研究目的

随着乡村振兴战略的推进，乡村公共空间的设计和营造越来越受到关注。美丽乡村公共空间的创新设计和营造将提高乡村形象和品质，彰显乡村特色和文化底蕴，推动乡村经济和社会发展。因此，注重乡村公共空间的建设、规划和设计非常重要。要仔细考虑当地的地域特点、社会需求、历史文化等因素，并制定合理的规划和设计标准。同时，还需要采取绿色可持续发展的原则，建立合理的管理机制，加强管理和维护。创新设计可以通过空间布局、景观特色、文化传承等方式实现，同时还要重视信息化技术的应用。建设制度体系也很重要，包括空间规划、施工管理、维护运营、品质评估、用户体验等环节。我们应该加强实践经验的积累、总结和交流，不断提升美丽乡村建设水平，推动乡村经济和社会的全面发展。

二、研究内容

（一）乡村公共空间的重要性

乡村公共空间是乡村社区居民活动、交流和互动的场所，是社区生活的重要基础和载体。在乡村振兴时期，公共空间的重要性不言而喻。在这个时期，公共空间的发展对于提高乡村居民的生活品质和促进社会发展具有重要作用。

首先，公共空间作为居民活动和交流的场所，可以增强社区凝聚力，营造友好和谐的社会氛围。通过公共空间的设计和营造，可以方便居民之间的交流和互动，促进社区居民之间的沟通和认识。公共空间还可以为社区举办文化、娱乐等社交活动提供场所，为社区居民创造更多的社会交往机会。这样的交流和互动可以加强社区居民之间的信任和联系，形成更为紧密的社区关系。

其次，公共空间对于乡村社区的发展具有重要带动作用。公共空间可以为乡村社区的经济发展提供支撑。例如，在公共空间中设置小吃摊、农产品销售摊等经营设施，促进农村经济的发展。公共空间还可以为旅游开发提供条件，吸引更多的游客前来乡村游玩和旅游，推动地方旅游业的发展。

最后，乡村公共空间是传承和弘扬乡土文化的重要载体。公共空间可以反映当地的风土人情和历史文化，通过公共空间的文化传承，可以唤起居民对乡土文化的认识和理解，促进保护和传承乡土文化，提升乡村文化的整体品质和传统魅力。

因此，加强乡村公共空间的建设和发展，可以促进社区的凝聚力和社会影响力，推动乡村经济和社会的全面发展。

（二）美丽乡村公共空间的创新设计

实现美丽乡村公共空间的目标需要创新设计，充分体现土地利用效益、环保和社会经济效益的结合，采用先进的科技和技术，通过空间布局、色彩搭配、景观特色、文化传承等方面进行创新设计。

第一，要采用合理的空间布局。美丽乡村公共空间的设计应该严格按照土地利用效益的原则，充分利用土地资源实现最大化的利用效果，构建完整的城市空间结构，创造出极具吸引力的乡村公共空间。公共空间的空间尺度、形式选择、自然环境等方面需要兼顾美观性和实用性。

第二，要用色彩搭配来创新美丽乡村公共空间。色彩能够让人感到愉悦和放松，具有舒缓心灵、陶冶情操的功效。在公共空间的建设中，色彩搭配是一个十分重要的环节，合理的色彩搭配可以使场所更具清新、宁静、愉悦和和谐的氛围。同时，色彩也可以通过搭配、对比等手法来强调乡村公共空间的景观特色，增强品牌形象和辨识度。

第三，要在公共空间的景观特色上做文章。景观特色是美丽乡村公共空间的重要组成部分，可以通过特色景观、景区、建筑、小品、标志牌等形式来体现。景观的设计应该贴近当地的文化、历史、民俗和习俗，充分挖掘和利用乡村文化价值。通过景观的设计，可以为乡村公共空间赋予新的灵性和文化内涵。

第四，要注重文化的传承。在公共空间的建设中，需要注重文化的传承和弘扬。可以通过地标、人文纪念物、艺术创作和文化节庆等方式，让当地乡村文化得以传承和发展。结合生态、旅游、教育、公益等多元化服务，丰富乡村公共空间的活动内容，打造多功能的综合性服务中心。

此外，还需要提高公共空间的信息化水平。信息技术在现代社会中扮演着至关重要的角色，公共空间的信息化建设可以为场所增强发展潜力和竞争力，为村民提供更多的公共服务和便利。具体来说，可以通过利用人工智能、大数据、无线电、云计算等技术手段开发智慧公共空间，提供更加个性化和智能化的公共服务，让人们更加方便快捷地获取信息和使用空间。

总之，创新设计是美丽乡村公共空间建设的关键，在设计中应注意空间布局、色彩搭配、景观特色、文化传承等方面的创新，提高公共空间的信息化水平。通过科技创新以及深化乡村建设和发展，实现美丽乡村的目标，为村民提供更加先进的公共服务和更加便利的生活。

（三）美丽乡村公共空间的建设制度

美丽乡村公共空间的建设必须建立完善的制度体系来保障公共空间的质量和管理等问题。制度体系需要包括空间规划、施工管理、维护运营、品质评估、用户体验等各个环节。

第一，需要建立统一的空间规划体系。公共空间建设需要符合当地的乡村发展规划和土地利用政策。要根据不同情况，有针对性地制定各自的规划方案和空间布局。同时，要注重充分利用土地资源，保障公共空间的可持续发展。

第二，需要施工管理制度的建立。施工管理是公共空间建设过程中非常重要的一步，必须要保证建设工程的质量和时效。需要建立统一的制度来规范施工流程，合理配置各种施工资源，确保公共空间建设的顺利进行。同时，施工过程中也要注重环境保护和安全生产，确保公共空间建设的安全可靠。

第三，需要制度化的维护运营体系。公共空间建设后还需要长期的维护和管理，需要建立科学的维护运营体系。维护运营要注重日常清洁、绿化、安全等管理工作，同时也要注重公共空间设施的更新维护，提高公共空间的品质和使用价值。

第四，需要建立制度化的品质评估体系。品质评估是公共空间建设的重要环节，通过品质评估可以检测公共空间的建设效果和质量，为后续的改进提供参考。需要建立全面、科学、客观的品质评估标准，评估项目包括但不限于公共空间的设计、施工、维护等多个方面，确保公共空间的品质评估结果具有公正性、客观性。

第五，需要优化用户体验体系。公共空间的建设是为了解决人们的日常需求和活动，因此需要优化用户体验体系。需要在公共空间的规划和建设中，充分考虑人们的需求和活动场景，尽可能为用户提供方便、安全、舒适和便利的使用体验。

为推进美丽乡村公共空间的建设，需要加大对于规划设计、管控管理等方面的经费投入，推动建设质量的全面提升，创造生态宜居的乡村文化环境。只有建立完善的制度体系，才能更好地保障公共空间的质量和管理，为乡村地区的可持续发展奠定坚实基础。

第三节 研究方法和技术

随着乡村振兴的不断推进，美丽乡村公共空间的营造和创新设计也成为一个重要的研究领域。为了达到乡村振兴的目标，需要对美丽乡村公共空间的营造和创新设计进行深入研究。本书将从方法和技术两个方面进行探讨。

一、研究方法

（一）明确营造目标

乡村振兴是当前国家重要发展战略，其中美丽乡村公共空间的营造和创新设计成为当前一个重要的研究领域。为了实现乡村振兴的目标，特别是促进农村经济的发展，需要在乡村公共空间的营造和创新设计中强调明确的营造目标。在这方面，有以下五个方面需要特别关注。

第一，要明确美丽乡村公共空间的营造目标。这些目标包括：提高公共空间的使用价值和社会效益、促进乡村社会经济的发展等方面。为实现这些目标，营造和设计公共空间需要充分考虑农村人民的实际需求和乡村旅游业的发展趋势，以便更好地规划和设计公共空间。

第二，需要通过多种形式的参与来实现营造目标。公众参与是美丽乡村公共空间营造的重要方式之一。利用咨询、问卷调查、公众听证、座谈会等多种形式的参与，可以更好地了解居民的需求，从而更好地适应农村生活中的问题。

第三，需要注重建筑风格与当地传统文化的统一性。在营造和设计中，注重当地建筑风格特色与传统文化相关的体现，这有助于凸显乡村的独特魅力和文化价值。

第四，需要优化公共空间的功能。为了适应农村人民的生活需要，需要在美丽乡村公共空间的设计中优化场所功能，如公共广场可以同时举办文艺活动和农村集贸活动等。

第五，需要提高服务质量。美丽乡村公共空间的营造还需要建立规范化、标准化的管理制度，如定期检修、维护和清洁等举措，以保证公共空间良好的使用环境和体验效果，从而提高服务质量。

综上所述，明确的营造目标是美丽乡村公共空间营造和创新设计的重要基础。需要针对农村社会现实，充分考虑构建营造目标，通过多种形式的参与、注重建筑风格特色与当地文化相结合、优化场所功能和提高服务质量等方面，实现美丽乡村公共空间的营造和创新设计工作的目标，推进乡村振兴的进程，促进农村经济的发展。

（二）多种形式的参与

公众参与是建设美丽乡村的重要方式之一，其中多种形式的参与是非常关键的，对于规划和建设美丽乡村具有不可忽视的作用。因此，采用多种形式的参与是应当被重视的。咨询、问卷调查、公众听证、座谈会等形式的参与，都能够有益于设计团队更好地了解居民的需求，从而更好地适应农村生活中的问题。

咨询是美丽乡村公共空间营造过程中最常见的参与方式之一。咨询包括邀请专业人士、设计师、学者等向居民提供咨询服务，以便更好地了解当地居民的需求。咨询可以为农村社区提供专业的意见和技术支持，从而更好地满足居民需求和当地的特定情况。

问卷调查是另外一种常用的公众参与方式。在问卷调查中，设计团队可以向居民提供问卷，让他们更全面地表达自己对美丽乡村公共空间的意见和需求。设计团队根据调查结果来制定更适宜的规划方案，以期更好地满足居民和农村生活的需求。

公众听证和座谈会是更加开放且交互性更强的方式，设计团队和农村社区可以面对面进行交流和互动。公众听证和座谈会为居民提供表达意见和建议的机会，使决策过程更加透明和公开，从而可以增强居民对美丽乡村公共空间营造相关问题的认同和支持。

可以通过社交媒体等互联网技术，以数字化方式进行公众参与。网上调查和社交媒体的广泛运用，为农村居民提供了另一种方便快捷的参与方式，不受地理位置限制，更便于开展，更容易获得更多的参与者。

（三）注重建筑风格的特色与当地传统文化相关性的体现

随着城乡一体化的不断推进，乡村空间的发展和建设已成为人们关注的重点。为了实现营造美丽乡村公共空间的目标，不仅要关注功能性，还要注重建筑风格特色与传统文化的相关性。设计中，体现当地建筑风格特色和传统文化的内涵，既可以丰富乡村空间的文化内涵，也可以凸显乡村的独特魅力，有助于吸引更多的游客前来参观。

通过注重当地建筑风格特色，可以体现乡村建筑的地域性和文化性。不同地方有着不同的地形和气候条件，从而也影响当地建筑的设计和风格。一些地区的乡村建筑由于受到自然环境和文化背景的影响，具有很强的个性化特征，如福建土楼、四川藏式风格等，这些建筑风格特色必须得到充分的保留和推广。

在注重当地建筑风格特色的基础上，还要注重传统文化与现代设计的结合。传统文化是不断演变、发展的，我们要在现代设计中结合传统文化的特色，体现传统文化的丰富内涵。地域和文化特色的体现，可以从建筑的外观、空间布局、装饰形式等方面入手，这需要设计者充分了解当地的传统文化背景，挖掘其中的文化内涵，依照当代的需求加以变革升级。如成都晋阳湖，将现代科技与传统文化相结合，打造成了一个兼具现代感与传统文化的一体化公园。

要注重乡村建筑的保护和修缮。许多乡村地区受到了城市化的冲击，许多传统建筑和风貌已经消失和破坏。保护和修缮乡村建筑，重新呈现这些建筑的原始风貌和文化内涵，不仅可以让居民更加亲近乡村，更能吸引游客和投资，推动地方经济的发展。

（四）优化场所功能

营造美丽乡村公共空间的设计，以适应乡村人民的需求，需要更加注重场所功能的优化。对于公共广场的设计，需要考虑文艺活动和农村市场等需求，并确保方便快捷的交通和服务设施，为乡村人民提供更便利、舒适的公共场所。

要考虑可扩展性的功能设计。对于公共广场的设计，必须要考虑扩展性。比如，公共广场可以同时举办文艺活动和农村集贸活动等多样化的活动，因此空间设计应该合理，让广场可以很快地延展进入邻近地区。这不仅可以提高场地的利用效率，还可以创造出更多的社交机会和经济活动。

要注重交通设计与方便性。公共广场要满足不断增长的交通需求，因此沿街设有接待站、小区入口和交通标识等设施，促进交通便捷。需合理设计公共广场，其交通方案应该与周边交通系统互相配合，以方便更多的游客前来参观。当然，根据不同地域的自然条件和地形，交通方式也可以不同，如在靠近水的区域，可以设计船行系统，进一步提高场所的便捷性。

要确保服务设施的便利性。公共场所的服务设施是关键。乡村公共广场中应该设置各种娱乐、文艺、体育和教育设施，以满足乡村人民多样化的需要。而且，这些设施的维护和运营需要有专业的技术和人力保证。因此，配备良好的管理人员和维护团队会更好地保证设施运作的时效性和效率性。

（五）提高服务质量

美丽乡村公共空间的营造不仅需要注重设计，还需要完善服务管理机制，提高服务质量。公共空间的服务管理应该是规范化、标准化的，在维护空间使用环境和提升用户体验方面发挥重要作用。建立一套全面的管理制度，如定期检修、维护和清洁等举措，以确保乡村公共空间的良好使用环境与提高体验效果。

需要规范管理制度。针对乡村公共空间的管理，应该执行规范化的制度。要建立科学、有效、规范的管理体系，制定和修订公共空间使用的规章制度和操作规程，其中包括人员职责、标准化的服务流程和工作标准等。这有利于建立完善的管理机制体系，有力地推动管理不断进步和改进服务质量。

要加强定期检修、维护和清洁。乡村公共空间所处自然环境非常严峻，如尘土飞扬、日晒雨淋，并可能遭遇自然灾害，如暴雨等。因此，需要对公共空间的设施和场地进行定期检修、维护、清洁和消毒等工作，以及保证安全性。同时，对于垃圾分类和垃圾清理等方面也要进行过程管理，确保配备足够的垃圾分类桶和垃圾站，避免随意扔垃圾造成的污染和卫生问题。这可以增加公共空间的整洁度，以及保护乡村自然环境，提高乡村人民的生活品质。

要提升服务质量。为了提高服务质量，乡村公共空间工作人员需要接受专业培训，提高专业水平，同时需要提高服务意识和服务欲望，以为乡村人民提供更好的服务体验。在顾客需求上，应该听取乡村人民的意见和建议，开展用户调查，探索如何更好地向乡村居民提供服务。通过客户满意度、服务态度、服务质量等多方面的管理和考核，来实现公共服务机构的快速成长和发展。

二、研究技术

（一）建筑设计技术

建筑设计技术是美丽乡村公共空间营造和创新设计的核心，设计师需要根据乡村人民和旅游业的需求，采用灵活的设计手法和新颖的建筑材料来创新乡村公共空间。

第一，设计要与乡村环境相协调。乡村公共空间的设计需要考虑自然环境、建筑环境等因素，使设计与环境相协调。需要考虑建筑的高度、体量、材料等参数，尽量将建筑融入乡村自然环境中，与周边的自然景观相协调。同时，要保证造型美观大方，时尚不失传统乡村元素的特点。

第二，需要采用新颖的材料和技术。传统建筑材料有一些固定的使用方法，而现代技术不断发展，新材料的不断应用，可以使建筑设计更加新颖和有趣。新颖的材料可以增加乡村公共空间建筑的功能性和可持续性。例如，极致轻质的混凝土材料，增强了天然材料的使用率，同时通过数控加工，可以实现复杂曲线形状的制造，类似这些材料的创新应用，可以为乡村建筑创新设计带来更多机会。

第三，需要采用灵活的设计手法。设计手法的灵活性和丰富性是美丽乡村公共空间建设的重要因素之一。设计师需要从花园、通道、庭院、广场等方面出发，具有多元化的创意和设计方案，以满足不同地区和不同乡村的空间需求。如创新性的环境艺术设计，可以通过雕塑、灯光、绿色植物、水池等来丰富乡村的空间美感，使其成为乡村人民休闲娱乐的好去处。

（二）数字化技术

数字化技术正在逐步改变建筑行业的现状，如虚拟现实、智能化、云平台等技术在设计建筑前期的应用上已经取得了很大的进展。数字模拟和传感技术的应用带来了更好的建筑设计效果和建筑用户体验。

第一，数字化技术可以帮助建筑设计师创建更真实的设计模型。在设计过程中，数字化技术可以实现对建筑模型的完美呈现，从而为建筑师创造更直观且更符合实际的设计原型，大大降低了错误报价的可能性。数字模拟技术可以在早期确定设计中的风险，从而避免了大量的后期修复工作，大大节约了时间和成本。

第二，在建筑建造过程中，数字化技术可以通过传感器和数据处理技术，实现对建筑施工过程的全面监控。建筑施工现场可通过传感器和监管控制人员对材质及施工质量进行实时监测，并随时应对可能发生的事故，从而提高施工安全性和质量。

第三，数字化技术还可以实现建筑人员的智能化管理。工人在现场操作过程中，可智能指引，或者实时传递需要的技术知识和对处理过程中可能出现的安全风险进行提示，例如，脚手架的安全组装、电气设备的正确使用方法和施工场地的危险提示等。这些智能化的管理方式可以保障施工过程的安全性和管理性，同时增强工作人员对技术和安全知识的掌握和应用。

第四，数字化技术在为建筑带来创新体验方面也发挥了重要作用。例如，虚拟现实技术的应用让用户能够在未完成的建筑中体验到与已完成建筑相同的环境，提升用户对于未来建筑的期待。

同时，云平台上的数据应用和分析，也可以协助建筑师和业主更好地理解建筑的使用和性能，进行优化和改进。

（三）生态环境技术

生态环境技术在建筑设计中越来越受到重视。其主要目的是针对当地的气候特点和自然生态环境，选择对环境影响较小的材料和设计模式，通过低碳生态设计理念来实现建筑清洁、节能、环保的要求。

生态环境技术的应用具有以下三个方面的优势。

首先，通过合理的建筑材料选择和设计方式，可大大降低建筑对自然环境造成的影响，减少对土地、空气、水资源的污染和消耗。比如，推广应用环保材料，以及采取蓄水池等方式，可以最大限度地减少因建设而产生的水泥废料等污染物的排放。

其次，生态环境技术可实现建筑节能和资源的有效利用。节能建筑可通过合适的设计模式和适当的采光、通风等手段，减少建筑的能耗，达到节能效果。如利用太阳能、光伏发电等技术可以实现更加环保的能源利用，通过太阳能或其他方式处理污水、废料等能实现回收再利用。同时，在建筑设计中要科学合理规划各个系统的能耗，通过智能化控制等手段实现节能效果。

最后，生态环境技术的应用可提升建筑的舒适性和环境品质。通过采用合适的绿化手法，在建筑周边营造出适宜的自然环境，为用户提供舒适、健康的居住和工作环境。同时，科学、健康、环保的设计理念将为当地的生态构建起更加坚实的基础。

（四）材料技术

材料技术的不断进步和发展为美丽乡村公共空间的营造和创新设计提供了更加丰富的选择和更高的实施效率。新的材料技术，如轻型高强材料、智能材料和绿色环保材料等，可以在乡村公共空间的建设中扮演重要角色，创造出更加优质、环保和经济实惠的空间，营造出更加宜居、宜游和宜人的美丽环境。

首先，轻型高强材料是新一代材料技术的代表之一。这类材料具有质量轻、强度高、耐久性好等优点，可以在乡村公共空间建设中得到广泛应用。比如，采用轻型钢结构和预制混凝土等材料可以快速搭建出美丽乡村公共建筑，同时还可大大降低施工成本，增强建筑的安全性和可靠性。

其次，智能材料技术也是新材料技术的重要领域之一。这类材料不仅具有优异的机械性能和稳定性，还可以依据不同的指令实现预先设计的功能。在乡村公共空间的设计中，利用智能材料可以实现更先进的可变形建筑构件，将建筑的形态与功能融合在一起，满足不同人群的需求。

最后，绿色环保材料技术也是新材料技术的重要组成部分。这类材料的生产和回收过程对环境的影响较小，同时可以减少建筑材料的浪费和污染，为乡村公共空间的建设提供了良好的环境和可持续性。比如，利用可再生资源的生态板材、竹木材料等，可以实现乡村公共建筑的全方位绿色环保。

（五）互联网技术

随着互联网技术的普及和发展，它已经成为推动公共空间和社区环境创新的重要力量。通过利用互联网技术的社交工具和应用程序，公共空间的使用体验和公共互动水平可以大幅度提升，推进社交、治理和服务等一系列方面的创新，进而促进农村经济和旅游产业的发展。

首先，利用互联网技术设计智能化的社交工具可以促进公共互动和社区治理的创新。通过构建专业、高效、可交互式的社交平台，人们可以在其中互动和交流，获得对自己生活和社区环境的各种信息和支持。用这样的方式来建立公共空间和社区环境的治理网络，才能真正实现多元治理、协同共治等现代治理的新模式。

其次，利用互联网技术的移动 App 可以提升公共空间的使用体验和移动的便捷性。在一个 App 中整合公共空间的各项功能，如地图、导航、传统文化和历史、美食、旅游、购物等内容，可以为用户提供一站式服务。比如，利用移动 App 来创建农村旅游信息站，既可以知晓当地的民俗文化特色，还能在其中发现拍照的好去处，或进一步了解某些物种的保护情况。这样不仅使用户能够浏览公共空间的各种信息，而且还能享受到便捷的移动服务。

最后，利用互联网技术的人工智能可以打造公共空间和社区运营的智能化。这样的技术可以为公共空间或社区制定更合理、更贴心的规划和管理方案，如通过人工智能控制自然风、光、水等资源进行优化运营，提高公共空间的舒适度；又比如利用人工智能分析公共空间和社区的使用方式和需求，进而制订出合理的社区管理运营方案，来实现社区环境的高效管理和可持续运营。

第二章　乡村振兴背景下的美丽乡村公共空间概述

第一节　乡村振兴背景下的美丽乡村公共空间概念和内涵

乡村振兴作为国家发展战略的重要组成部分，旨在通过调整产业结构、优化资源配置、完善生态环境和提升民生福祉等方面，促进中国农村经济发展和社会进步。美丽乡村作为乡村振兴战略的重要承载体，其公共空间的建设和创新显得非常重要。

本节将从概念和内涵两个方面对美丽乡村公共空间进行深入探讨。

一、概念

美丽乡村公共空间，就是指在乡村地区中为人们提供各种公开使用，并且为人们提供服务的场所、设施和设备。美丽乡村公共空间包括公园、自然保护区、闲置土地、交通区域等公共设施和场所以及这些设施和场所的维护和管理。美丽乡村公共空间需要满足以下条件。

（一）坚持环保理念

在当前越来越严重的环境污染问题面前，美丽乡村公共空间建设需要充分考虑环保因素，避免污染环境，保护生态平衡。一方面，美丽乡村公共空间的建设必须符合生态文明建设的要求，实现经济、社会和环境的良性循环。另一方面，美丽乡村公共空间的建设要与周边环境相协调，保护和改善生态环境，增强生态系统的稳定性。

在美丽乡村公共空间建设的过程中，首先，要保证建设材料的环保性，如使用可再生资源、充分回收利用等方式，尽可能减少对环境的污染。其次，对于公共设施和设备的选择，要考虑其对环境的影响，避免建设过程中对环境造成污染和破坏。

同时，在美丽乡村公共空间建设中，应该注意合理规划，将生态保护和城乡建设统筹考虑，注重环境监测和治理，加强对污染源的管控和治理，保护乡村的生态环境和农业生产。

（二）注重安全因素

美丽乡村公共空间的建设需要充分考虑安全因素，为用户提供安全的场所和设施。其中，对于人员安全，需要考虑交通安全、防盗安全、消防安全等各个方面，确保乡村公共空间的使用者和工作人员能够在安全、便捷的环境下进行活动。

首先，交通安全方面需要考虑公共空间的交通组织、道路标线和规划、交通设施的安全性等方面。特别是对于人行道、车道和停车场等区域，在设计和建设时需要充分考虑交通安全因素，并配备完善的交通管理设施和人性化的提示标语，以便保证人员的交通安全。

其次，防盗安全方面需要考虑公共空间的围墙、门窗等结构安全，照明设备的设置和维护，防盗门的安装等方面。针对各种财产安全和人身安全的隐患，要防微杜渐，增强公共空间的安全性。

最后，消防安全方面需要考虑公共空间内各种电子设备、燃气设施等是否合乎规范，是否有隐患等问题。必要时，需要配置灭火器材或者消防水源，增加疏散通道等安全设施。

（三）方便日常需求

美丽乡村公共空间的建设需要满足人们的日常需求，如购物、娱乐、文化等，使人们的生活更加便捷。在建设乡村公共空间时，应该建造符合当地特色的商业街和购物中心，以及娱乐场所、文化活动区等多种功能区域，以满足人们的日常需求。

首先，商业街和购物中心是美丽乡村公共空间不可或缺的功能区域，它们不仅方便当地居民购买生活必需品，还可以通过设计和规划，诱使游客前来消费，并推动当地的经济发展。这类商业街和购物中心还可以定义当地的文化特色，通过文化商品、美食等吸引游客体验当地风情，增加对当地的认同感。

其次，娱乐场所也是美丽乡村公共空间的重要组成部分，它可以为当地居民提供丰富多样的文化活动。建设具备特色和创新的运动场、音乐会场所、文艺秀场等，可以满足人们的需求，促进人们开展娱乐休闲的生活方式，使人们的日常生活更加多彩。

最后，文化活动区也是美丽乡村公共空间的必需品之一。如公共图书馆、文化艺术培训基地等固定文化设施，它们可以为当地居民提供更好的学习和阅读环境，并增强文化传承、文化教育的使命感，对弘扬当地文化起到积极的推动作用。

（四）符合当地特色

美丽乡村公共空间建设必须充分考虑当地资源、传统文化等特色，使其更加独具特色。在乡村公共空间建设中，应当充分发挥当地的资源优势，保护传统文化和历史遗迹等，营造独特的生活环境和文化氛围。

首先，在美丽乡村公共空间建设中应充分利用当地的自然资源，美化自然景观，打造独特的景观和环境。比如，根据当地的山水环境，建设山间花园和柿子树文化公园，不仅美化山水环境，保护生态环境，还使游客可以在山间悠闲散步，感受大自然的美妙。

其次，应该注重保护当地的传统文化和历史遗迹。乡村公共空间建设应该将传统文化和历史遗迹融入其中，使之成为公共空间的独特特色。比如，在文化广场中合理利用当地的民俗艺术和民间故事，精心设计展示场景，如用麦秆编织的农用工具、用花瓣拼成的民俗节日图片等，让游客在此感受到地域特色和浓厚的文化氛围。

最后，美丽乡村公共空间建设必须遵循当地的历史文化传承，融入当地特色元素和文化内涵，创造出符合当地特色的文化空间。比如，在革命广场上，根据当地的革命历史和民族文化建设，充分挖掘当地特色纪念物、文化标志和其他文化元素，展现出独特的历史文化。

（五）增强社会交流

美丽乡村公共空间建设需要满足社交需求，举办更多的社区活动，建立社会交流网络，增强社会凝聚力。在乡村公共空间建设中，应当注重人文因素，创造更多的社交平台，促进社区内部和社区之间的交流互动，增加居民生活的便利性和幸福感。

首先，在乡村公共空间建设中，需要充分考虑社交需求，为居民创造更多的社交场所，如人文广场、音乐厅、剧院、咖啡馆等。在这些场所中，人们可以结交新朋友，互相学习、交流，享受文化和艺术的盛宴。比如，在市中心的社区广场上，每周末晚上举办音乐会，吸引了当地的居民和游客前来参加，营造出温馨、和谐的氛围。

其次，在乡村公共空间建设中，需要注重社区活动的规划和组织。定期举办各种有益的文化、体育、娱乐活动，如篮球比赛、摄影展、手工课等，加强居民之间的联系和交流，不断增强社区凝聚力和归属感。比如，在公园里开展音乐会、舞蹈、太极拳等活动，吸引更多的人来参加，增进居民之间的相互了解和友谊。

最后，在乡村公共空间建设中，需要建立社会交流网络，如社交平台、社区网站等，通过信息和沟通的方式，方便居民之间的交流和互动，提高社区居民的生活质量和幸福感。通过这些社会交流网络，可以促进居民之间的合作和互助，形成更加和谐的社区发展。

二、内涵

（一）自然环境

美丽乡村公共空间的建设离不开对自然环境的保护和加强。自然环境是一切生命赖以生存和发展的重要基础，是美丽乡村建设的重要任务之一。为了满足人们对自然环境的需求，美丽乡村公共空间需要在自然风光、空气质量、水质安全等方面进行完善建设，创造一个良好的自然环境。

首先，在美丽乡村公共空间建设中，需要尽可能保持自然风光。乡村地区的自然风光充满了独特的魅力，可以吸引人们前来欣赏、休闲和拍摄。保护自然环境，保留自然景观和田园风光，可以满足人们对自然和美的需求，同时保护自然生态，保护生物多样性和生态平衡。在自然风光保护方面，可以采取生态修复、植被更新等措施，还可以制定相关规划和标准，加强监管，防止乱建乱占破坏自然环境。

其次，在美丽乡村公共空间建设中，需要加强空气质量控制。空气质量是人们生存和健康的重要保障，在乡村地区，应当注重减少扬尘、污染物排放等问题，并加强对污染排放的监管和治理。在空气质量控制方面，可以采取环保检测、生态示范区建设等措施，提高农业、工业等生产过程中的环保意识和技术水平，营造更加健康的生态环境。

最后，在美丽乡村公共空间建设中，需要加强水质安全保障。清新的水质是美丽乡村的重要特征之一，而水质安全也是人们生命和健康的重要保障。在乡村水质保障方面，可以采取设置净水设施、对样品进行检测等措施，提高当地水质安全的保障水平，防止水资源的浪费和污染。

（二）文化艺术

文化艺术是美丽乡村公共空间的重要内涵之一，它涉及乡村文化的继承和发扬。美丽乡村公共空间的设计应该考虑当地的传统文化、文化品位和审美观念，为人们创造一个富有文化氛围的公共空间。

首先，在美丽乡村公共空间建设中，需要关注当地的文化传承与发扬。乡村地区保存了很多传统文化和乡土文化，这些文化是乡村特有的宝贵资源，也是青年传承乡土文化的机会。在美丽乡村公共空间的建设中，可以借助文化节庆、文物古迹、乡土博物馆等，来展现当地的文化特色和历史文化，并在设计中适当地融入这些文化元素，以便为人们提供更为丰富的乡村文化体验。

其次，在美丽乡村公共空间建设中，需要注重文化品位和审美观念的传播与塑造。在乡村空间建设中，应该采用对当地民众观感有显著影响的文化艺术手段，使其风格独特、美观大方、深受人们喜爱。通过地域性植物、建筑风格、文化标识等方式，来塑造独特的乡村元素，营造出富有浓郁地方特色的乡村氛围。同时，对于乡村空间中的音乐、舞蹈、书画、民间文学甚至食品制作等方方面面的文化艺术，也应该借助公共空间来展示，并让更多人了解并传承它们的精神内涵，让它们得到更好的保护和发展。

最后，在美丽乡村公共空间建设中，需要强调人与文化艺术共生共荣的理念。设计者应该根据当地人们的习惯和生活方式，深入了解当地的文化，并将文化艺术巧妙地植入公共空间中，形成和谐的交互关系，让人们在乡村空间中体验到文化的独特魅力。这样，设计出来的公共空间才能让人们感受到文化艺术的内在价值和功利性价值的双重意义。

（三）社会服务

美丽乡村公共空间的建设不仅是为了美化乡村环境，更是为了带动当地社会发展。而社会服务是乡村公共空间的重要功能之一。通过在公共空间中建设各种公共服务设施，可以满足人们的生活和工作需求，改善日常生活中的方方面面，让人们更加愿意居住在乡村，形成强大的社区共同体，推进美丽乡村建设的可持续发展。

首先，在美丽乡村公共空间中可以建设菜市场、集贸市场等公共服务设施。这些设施能够方便当地居民买到新鲜的蔬菜、水果、家禽、家畜等农副产品。通过提供这些服务，乡村的物质条件得到了明显的提高，人们的生活质量得到了保证，同样也为当地的农民提供了就业机会。

其次，在美丽乡村公共空间中应该建设儿童游乐设施和老年活动中心等公共服务设施。这些设施不仅能够满足不同年龄段人们的生活需求，同时也能够发挥社交功能，让人们更好地了解和融入当地社区。老年活动中心是一种非常实用的公共服务设施，可以为老年人提供集体活动场所、身体健康活动和课堂学习，激发老年人积极参与社会活动的热情和兴趣。

最后，在美丽乡村公共空间中还可以建设各种社会组织，如文化促进会、文物保护协会等，为本地文化的保护和发展提供力量。通过这些社会组织的活跃和发展，可以更好地挖掘和发掘当地的文化遗产，让人们更好地了解当地的历史和文化内涵。同时也可以通过这些社会组织来实现社区居民更好的沟通和交流，推动社区建设实现良性循环。

（四）人文情怀

美丽乡村的公共空间不仅仅是满足人们的日常需求，更是人们展示个性、传递情感和分享生活的重要场所。因此，在公共空间的建设中，需要注重人文情怀的体现，创造出适宜人们居住、休闲和文化体验的氛围。

首先，人文情怀需要在设计上得到比较好的体现。设计者需要考虑当地的文化与历史，充分挖掘乡村风土人情，注入更加人性化的设计元素。这样设计出的公共空间，不仅可以让人们感受到自己的文化传承和历史地位，同时还能启发大家去探索乡村的魅力与独特性。

其次，文化氛围的营造很重要。在美丽乡村公共空间内设置文化装置，或者在空间内举办展览、演出、讲座等文化活动，都可以让人们感受到浓郁的文化氛围。同时这也可以增强居民群众的文化自信心，加强社区的凝聚力，并营造一种归属感。

最后，公共空间的管理也很关键。如果公共空间得到好的管理和运营，它可以成为居民日常生活的延伸，成为更多文化交流和情感分享的平台。当地政府需要加强管理，保障公共空间的安全性和整洁度，并配合组织各类文化活动，让公共空间活跃起来，充满浓厚的人文情怀。

（五）共同体

共同体是美丽乡村公共空间建设的核心理念，它强调公共空间不是某一个个体或某一部分集体所有，而是属于所有村民的共同财产。因此，公共空间的建设要充分考虑群众利益，以满足大多数人的需求为出发点。同时，强化乡村民主管理和参与，打造互帮互助、和谐共处的乡村群体意识。

首先，公共空间的建设要有广泛的公众参与和民主决策，发扬群众智慧。尤其是在公共空间规划、设计和建设过程中，应当尊重民意，倾听群众意见和建议。这不仅能提升公共空间的实用性和美观度，还能增强群众的归属感和自豪感。

其次，公共空间的维护和管理要与乡村自治相结合。自治是充分尊重农村基层组织的自治权，让村民有更多的话语权和主动权。在公共空间的管理中，村委会可以组建维护管理小组，负责日常的环境整治、设施维护和安全保障等工作。通过村民自治，使公共空间的维护和管理能够得到广泛的群众支持和参与，实现共治共享的理念。

最后，公共空间建设要加强宣传教育，营造共同体意识。通过各种形式的宣传教育，让村民深刻认识到公共空间是属于所有人的共同财产，唯有依靠大家共同努力，才能打造出美丽乡村公共空间。这样才能建立一个互帮互助、和谐相处的乡村共同体，提高公共空间有效利用率，促进公共空间的可持续发展。

以上是美丽乡村公共空间的内涵。在建设美丽乡村的过程中，需要加强对公共空间的规划、设计、建设和管理，满足人民对美好生活的需要，促进乡村社区的和谐发展，助力乡村振兴。

第二节　乡村公共空间与乡村振兴发展的关系

随着我国城乡经济社会的发展，农村地区已经不再是传统意义上经济衰退、社会落后的地区，而是受到政府高度关注的乡村振兴战略的重点扶持地区。在乡村振兴发展进程中，乡村公共空间起到了重要作用，它不仅是农民休闲娱乐、健身锻炼的场所，还是农村文化交流和社区组织活动的重要场所。本书主要从乡村公共空间建设的意义、乡村公共空间的特点、乡村公共空间在乡村振兴中的作用等方面，全面分析乡村公共空间与乡村振兴发展的关系。

一、乡村公共空间建设的意义

乡村公共空间是人们日常生活中的重要场所，有许多相当重要的意义，主要包括以下四个方面。

（一）满足农民的基本活动需求

乡村公共空间是农村地区不可或缺的一部分，它不仅提高了生活质量，也满足了农民的基本身体和心理需求。这些空间提供了一个特殊的环境，使村民们可以进行各种活动，包括休息、娱乐、锻炼、社交等。因此，这些公共空间是具有很高意义的。

乡村公共空间为农民的锻炼提供了好的场所。在农村地区，大多数农民工作量都很大，如果没有地方锻炼身体，那么他们的身体和精神状态都会受到严重伤害。乡村公共空间为村民提供了一个城市无法拥有的特殊环境，这里空气新鲜，自然景观美丽，使人们体验更好，可以享受自然之美，促进身体健康。农民们可以在这里踢球、打篮球、健身、跑步、跳舞等，丰富生活。

乡村公共空间还满足了农民的文化娱乐需求。对于大多数农民来说，文化娱乐往往是一种奢侈品。但是，在乡村公共空间中，农民们可以参与各种文化活动，如吹拉弹唱、戏曲、舞蹈、诗歌朗诵等，可以促进村民之间的交流，使他们感到生活更加丰富多彩。

乡村公共空间也提供了一个社区交流的平台。在农村地区，与人交流往往受到各种限制，如条件、场所等，形成一种交流局限性。然而，在乡村公共空间中，农民们可以轻松交往，认识新朋友，学习不同的生活理念，扩大社交范围，使他们感到更加快乐。

（二）弘扬传统文化和地方特色

乡村公共空间是传承和弘扬传统文化、展示地方特色的重要场所，这对于保护和传承中国传统文化以及促进乡村文化和旅游发展具有重要意义。

传统文化是指在历史长河中形成的独特文化形态，在中国传统文化中，包括了传统节日、民俗、文学、艺术、哲学等各个方面。在乡村公共空间中，可以通过举办文化活动，展播传统文化、传统艺术等形式，寓教于乐，让农民了解和学习传统文化，弘扬中国传统文化的底蕴和深度，提高舞台上观众的文化素养和文化认同感，同时在巩固农村魂的同时也对农村进行文化涵养。

此外，乡村公共空间还能展示地方特色，这对于乡村旅游业的发展起到至关重要的作用。当地乡镇的民俗传统、地方美食以及自然景观的独特性都可以成为乡村公共空间的展示内容，对于吸引游客、促进乡村经济发展都起到了非常重要的作用，同时也展现了中国的地方特色和丰富的旅游资源。

通过举办不同形式的文化活动，如书法、绘画、展览、戏剧、乡村旅游等，将传统文化和地方特色进行表达和展示，起到了丰富农民精神文化生活、提高农民文化素质、提升乡村文化和旅游发展等多重作用。同时，文化活动还能带动当地文化产业的发展，促进农村的经济发展和社会进步。

所以，乡村公共空间不仅为农民提供了一个开心活动、交流的场所，也是弘扬传统文化、传承地方特色的重要舞台。我们应该高度重视乡村公共空间的建设和管理，丰富多彩的文化活动，让我们更好地传承和发扬中华优秀传统文化，同时也让我们更好地了解家乡，繁荣乡村经济、推进城乡融合发展。

（三）促进社会和谐发展

乡村公共空间是乡村社会和谐发展的重要组成部分，这对于缩小城乡差距、促进城乡融合、推动社会进步和稳定等方面都具有重要的意义。

乡村公共空间提供了农民和居民进行交流、沟通和互动的场所，这有助于解决人们之间的误解和摩擦，增强相互信任和理解，构建和谐社区、和谐文化。在这个空间里，农民可以交流学习、分享经验，相互帮助，形成良好的互助社区，同时也可以及时反馈社会问题，对市政管理和乡村建设提出具体建议和意见。这种相互交流和互动的途径，可以减少农村社区内的矛盾和冲突，促进社会和谐发展。

除此之外，乡村公共空间也是推进乡村社交和社会进步的重要平台。通过开展各类文化活动、科技创新等工作，可以提高农民的文化素养、知识水平，同时也促进社会普及教育和文化传承。在这样的基础上，乡村公共空间可以承担起社会公益责任，如开展自救、康复等组织活动，从而帮助更多的老、弱、病和贫困的人，促进社会公平和发展。

（四）收获可持续发展的回报

乡村公共空间的建设是实现乡村社区可持续发展的重要举措之一。公共空间的发展有助于促进农村经济发展和社会文化繁荣，并增强自然环境保护和可持续发展的意识，从而实现生态、社会、经济等各方面的效益。

乡村公共空间的发展有助于促进农村经济发展。公共空间为农民提供了展示自身工艺、展示本地特色农产品、开展小型商业活动等的平台，促进了农村非农业经济的发展。此外，公共空间还可以成为农业生产、科技创新等方面的交流平台，促进知识与技术的传播和分享，提高农业生产效率和质量。

公共空间的建设可以促进社会文化繁荣。公共空间为农民提供了交流、互动的场所，可以丰富农民的文化生活，增强他们的文化素养和知识储备。此外，乡村公共空间也承担着文化普及、文艺传承等重要职责，并为文化创意产品和旅游业的发展提供了支撑。

公共空间的建设有助于提高自然环境保护和可持续发展的意识。公共空间可以被用于进行环保教育、木材、草花苗木的销售与交流、农村垃圾分类、废旧物资集中回收等活动，鼓励农民把环保理念融入自己的生产生活中，进而采取更多节能、环保和可持续发展的措施，构建和保护优美的生态环境。

二、乡村公共空间的特点

农村地区的公共空间和城市地区的公共空间有很大不同。乡村公共空间具有如下特点。

（一）土地资源丰富

乡村地区拥有丰富的土地资源，这为公共空间的开发和建设提供了广泛的空间和可能性。通过大规模的绿化改造和废旧土地的利用，乡村地区可以开发出更多多样化、充满创新的公共空间，以满足农民和社区居民的各种需求，促进当地经济和社会的可持续发展。

乡村绿化可以改善自然环境，丰富乡村公共空间。采用生态修复、植树造林、开展园林绿化、打造乡村景观等方式，可以将空闲土地改造成舒适、美观的绿地、公园等，为乡村居民提供休闲、娱乐、健身等场所。此外，绿化改造还能提高空气质量，净化环境，为当地农业产业发展创造更加有利的条件和环境。

废旧土地的利用可以拓展多样化的公共空间。利用废弃的工厂、旧村庄等废弃土地，在保护原有建筑的基础上改造为现代化的公共空间，如休闲广场、体育场馆、文化中心、农村电商服务中心等，丰富公共文化活动、满足乡村居民的多元化需求，增强乡村的软实力和文化特色。

充分利用土地资源，可以促进当地经济和社会的可持续发展。乡村公共空间的建设不仅能够为农村经济发展带来新的增长点，而且从长远来看是具有可持续性的发展模式。通过公共空间的开发，还可以促进城乡融合、减轻城市压力、推动新型城镇化发展等，为当地和国家经济社会的发展提供更多的支撑和动力。

（二）资金投入相对较少

乡村公共空间的建设是当前城乡发展不平衡问题中的一个重要方面，近年来，各级政府加大了对农村基础设施和公共服务设施的投入。但与城市相比，因为人口较少、经济相对薄弱等原因，乡村地区的公共空间建设所需资金相对较少。

首先，在乡村公共空间建设中，更加注重群众民主，重视群众参与。这种借助群众自发行动的方式，与城市内政府主导的建设模式有所不同。在城市中，许多公共设施的建设往往由政府直接投入，并且在设计和实现过程中，可能会忽略居民的实际需求和意见，造成资源浪费和效益不佳。相反，在乡村公共空间建设中，由于群众民主参与较多，政府可以更好地听取当地居民的声音，优化项目规划和使用，使资金利用效率更高。

其次，乡村公共空间建设相对城市总建设规模较小，所需资金也相应减少。由于乡村的人口密度较低，且经济相对不发达，乡村地区的公共设施需求量往往较少。因此，政府在乡村公共空间建设方面所投入的资金相对较少，即使在同样的建设项目中，所使用的材料和标准也可能有所降低。当然，在资金相对紧张的情况下，这种做法也会带来一些负面影响，如材料质量差、维护管理不足等问题。

（三）建设面积分散

乡村公共空间建设的面积往往比城市更为分散，这就需要和农民保持良好的合作关系，充分发挥他们在建设中的积极性和作用。为此，在宣传与建设过程中，要注重吸引并调动农民群体的积极性，让他们成为公共空间建设的参与者和倡导者。

一方面，我们可以通过宣传教育，引导农民了解公共空间建设的意义和价值。公共空间对于乡村社区的发展与建设、社会文化素质的提高和生态环境的改善具有重要意义。因此，在宣传过程中，应以普及相关知识为前提，尤其要重点解释公共空间建设的好处和存在的必要性。让农民们深刻了解到公共空间建设不仅能够改善自身的生活条件和环境，同时也能促进当地经济和社会的发展。

另一方面，我们可以通过参与式建设，共同实现公共空间建设的目标。农民作为乡村的主体，深谙土地和环境的本地特色及文化需求，更有发言权。我们可以根据具体的情况和需求，开展农民参与式建设，这不仅能减轻施工压力，还能充分调动农民的积极性和创造力，让他们成为公共空间的建设者和主人，并且也能提高他们的环保意识和责任感。

此外，应该重视农民的意见和反馈，及时响应他们的需求和反映，积极开展双向沟通。在整个建设过程中，应该遵循农民的意见和需求，发挥乡村社区的自我决策力，充分尊重当地的文化和生活方式。同时，我们也应该及时关注农民的反馈和建议，以改进和提高公共空间的建设。

（四）民众参与度高

乡村公共空间建设的成功与否，在很大程度上取决于民众参与程度的高低。在农村社区中，群众参与和民主管理更加重要，是公共空间建设的重要环节。通过大量的民众参与，农村社区的公共空间建设可以变得更加有序，建设质量也可以得以提高。农民自愿和自发行动的前提下，实现建设与管理的过程，这是一种非常成功的模式，是一个创造性的建设思路。

一方面，公共空间建设的方案设计和执行，应该充分考虑到农民的意见和建议。民众可以在意见收集、方案审批等过程中，作为决策制定的参与方，而非外部的无关人员。这样可以让农民在建设过程中承担更多的责任和义务，发挥其社会责任感和创新能力。

另一方面，建设方案的公示与传达极为关键，可以利用传统的媒体，以及现代信息科技工具，把方案的内容和进度直观地表现出来，让民众心中有数。这样，可以更好地引导农村社区的公共空间建设，让农民了解和支持公共空间项目，鼓励他们自发参与公共空间的建设。

此外，利用小组会议、巡回会等方式，开展公共空间建设知识普及和意识提升活动。通过丰富多彩的交流互动，让群众更加深入、直接地体验公共空间带来的好处。实施切实可行的宣传方案，让更多的农民知晓、着力、参与和规划公共空间，倡导并营造摆脱物质单调化和机械化的生态社会。

三、乡村公共空间在乡村振兴中的作用

（一）增强农民获得感

乡村公共空间的建设和改造是乡村振兴战略中的重要一环，可以改善农民的居住环境和生活质量，增强农民的获得感。这些公共空间作为农村社会文化生活的载体，为农民提供了一个共享、互动的社区环境。

多功能的公共设施如健身器材、图书馆、体育场馆、公园等，可以满足农民锻炼身体、学习知识、娱乐文化等多方面的需求。比如，安装一些健身器材，可以让农民更好地锻炼身体，同时也丰富了农民们的业余生活。而图书馆则为农民提供了一个良好的学习场所，让农民能够了解到更多的知识。体育场馆和公园则是为了满足农民集体活动、社交娱乐等需求，同时也提高了农民的生活品质。

在公共空间建设和改造过程中，还需要注重改善农民生活的细节问题。比如，可以建设更多的公共厕所，改善人们的生态环境。在村庄道路和街巷上安装 LED 街灯，改善夜间行车和行人安全。在公共场所安装无线网络等设施，帮助农民增长知识、开展业务等。

再则是需要加强公共空间建设的引导和监管，增加村干部、社区大众的责任感和义务意识。政府部门可以通过各种渠道和方式，加强对公共空间建设的引导、规范和监管，以保障公共空间的质量、安全和卫生等。

（二）促进文化传承和发展

乡村公共空间是促进农村文化传承和发展的重要平台，通过在公共空间中推广、传播和展示各种文化形式，可以帮助农民更好地了解和接受各种文化形式，对农村文化的传承是一种有益的补充。

通过在公共空间中举办各种文艺演出，可以激发农民的艺术热情和参与度。比如，可以举办舞蹈、音乐、小品等各种文艺演出，吸引农民前来观看和参加。同时，这些文艺演出还可以为当地艺术爱好者提供一个才艺展示的平台，使他们得到更多的关注和认可。

在公共空间中举办各种展览活动，可以帮助农民了解和认识更多的文化形式。比如，可以在公共空间中举办艺术品、手工艺品、民俗文化、历史文化等多个方面的展览，让农民们了解到更多的文化知识和艺术技巧，同时也为当地文化和产业的发展提供了一个展示平台。

通过在公共空间中举办各种文化活动，可以增加农民的参与度，促进农村文化的传承和发展。比如，可以在公共空间中组织文化交流、庆祝传统节日、开展体育竞赛等活动，让农民更多地了解当地文化，同时也让农民参与到文化活动中来，增强了农民群体的凝聚力和荣誉感。

（三）推动农村经济升级

乡村公共空间的建设和改造，不仅可以提升农民的生活环境和生活质量，更可以推动农村经济的升级和发展。在公共空间中，引入新型的农村生产力模式，是促进农村产业结构变革、增加农民收入的重要举措。

可以在公共空间中引入农民合作社。农村合作经济是推进农村规模化、集约化、专业化发展的有效途径。通过在公共空间中设立农民合作社，可以促进农村集体经济的蓬勃发展，整合各种资源、优化产业结构，提高农村经济的效益和竞争力。同时，农民合作社还可以为农民提供技术咨询、培训、营销等一系列服务，让农民享受到更多的实际利益，提高其生产技能和市场竞争力。

可以在公共空间中成立创业孵化器。创业孵化器是支持创业的一个重要平台，可以为初创企业提供投资、帮助、培训等全方位服务，推进新生企业的成长和发展。通过在公共空间中成立创业孵化器，可以吸引更多的创业者前来投资，促进农村产业发展。同时，创业孵化器还可以帮助农村企业加强技术创新和营销能力，提升市场影响力和产品信誉度。

在公共空间中开展各种培训活动，可以帮助农民了解新产业和生产模式，提升其职业水平和市场竞争力。比如，可以组织专门的技术培训、新品推广等活动，以帮助农民了解新产品和新市场的信息。通过这些活动，农民可以学到新知识、新技能，帮助其适应新产业、新生产模式、新市场等，从而促进农村产业的现代化和升级发展。

（四）加强社会和谐发展

公共空间的建设与改善作为城乡建设中的重要内容，可以提高农村生活环境和品质，同时也可以为促进农村社会和谐发展提供重要的载体。通过公共空间的规划建设，可以为农村社区提供更多的场所和平台，让农民有更多的机会相互交流、互动，增强社区凝聚力和互助意识，防止社会矛盾的发生。

首先，公共空间的建设可以提高农民的交流和互动。在公共空间中，可以开展各种文化和体育活动，如放映电影、组织篮球比赛、开展歌咏比赛等。这些活动可以为农民提供一个相互交流、互相学习的平台，打破农民自封、内向的状态，拓宽其视野和交际圈。

其次，公共空间的规划建设可以提高农村社区的凝聚力和互助意识。在公共空间中，可以设立一些以邻为壑的组织，如邻里委员会、村民理事会、农民合作社等。这些组织可以帮助农民解决实际问题，增强其利益联合和互助意识，促进社区的团结协作，构建出一个和谐、稳定的乡村社会。

最后，公共空间的规划建设也可以为农民自主组织活动提供必要的基础设施。在公共空间中建立一些必要的设施，如办公楼、会议室、图书馆等，为农民自主组织提供一个基地，让农民能够更加自主地组织各种社团和活动。同时，公共空间的规划建设也可以为农村社区创造一个公正、公平的公共平台，让农民发表自己的意见和建议，让农民的诉求得到公正、妥善的解决，从而构建出一个公正、和谐的社会秩序。

（五）实现乡村现代化建设

乡村现代化建设是当下乡村发展的重中之重。乡村公共空间建设与改造是实现乡村现代化建设的一个非常重要的环节。针对目前乡村中存在的问题，通过引入先进的科学技术和设备，可以提升农民的科技水平和文化素养，让农民更好地接受新思维、新理念，并加快乡村现代化建设的过程。

公共空间的改造建设需要引入先进的科学技术和设备。通过引入先进的通信技术和信息化设备，可以推广和宣传乡村现代化建设的新思想、新理念和新技术，让农民了解到先进的生产设备和管理方式，培养创新意识，提高农村人口的创新能力和竞争力，实现农村现代化的目标。

公共空间的改造建设也需要重视文化创意产业的融合和发展。通过培育和发展文化创意产业，可以吸引一批优秀的人才和文化资源，从而推动乡村的文化创新和乡村产业升级。例如，可以在公共空间中设置展览和创作区域，让农民接触到更多的创意和文化资源，鼓励他们创造自己的文化产品，促进乡村文化的多样性。

公共空间的改造也需要重视创新一体化发展的目标。这需要通过加强农村产业的创新引领和拓展生产市场来实现。例如，可以在公共空间中建立新型生产基地，使农民能够更加深入地了解先进的生产技术，学习新型农业技术，提高农业生产效率和产值，增加农民的收入。

四、乡村公共空间建设中需要注意的问题

在乡村公共空间建设中，需要注意以下五个问题。

（1）需要弘扬群众参与精神，让乡村公共空间建设更加民主和群众化。

乡村公共空间建设需要更加民主和群众化，这需要弘扬群众参与精神，从而使农民能够更加积极地参与其中，发挥自己的作用。

首先，实现这一目标的关键在于建立良好的公共参与机制。政府需要积极与民众沟通，听取民众的意见和建议，制定民主、互助和共享的公共政策，同时通过在社区、乡镇和村庄等层面上举行公开活动，广泛征求民众的意见和建议，促进民众的参与。

其次，政府还应该加强民众教育和技能培训，促进民众的能力和素质提升，以便在公共空间建设中发挥更为重要的作用。通过政府与农民、城市居民和其他利益相关者之间的合作，共同制定乡村公共空间建设方案，实现资源的整合和效益的提高，为农民创造更多的社会就业机会。

最后，需要追求民主化和多元化的管理，让民众积极参与公共事务管理，并得到合理和公平的回报，以此来提高民众的管理和创新能力。

（2）可以多引入农村实用技术，促成农村实用技术与公共空间建设的有机结合，发挥多种资源的综合效益。

为了让乡村公共空间建设更加民主和群众化，不仅需要弘扬群众参与精神，还需要促进农村实用技术和公共空间建设的有机结合，从而发挥多种资源的综合效益。

首先，政府应该加强对农村实用技术的支持和扶持。例如，提供短期培训、长期跟踪服务和技术平台支持等措施，为农村公共空间建设的技术规划和方案提供支撑。

其次，对于农村实用技术，在进行公共空间建设时，应该加以结合和应用。例如，在农村公共厕所建设时，可以采用高效的沼气处理技术，将人类排泄物和畜禽粪便变换为沼气和有机肥料，从而达到节能、环保和资源循环的效果。

再次，政府要建立相应的政策支持体系，鼓励农民通过科技创新、产业升级和产品升级等方式，提高农业生产和劳动力素质，从而为公共空间建设提供更加专业化和多样化的支持。

最后，政府和社会公众需要重视公共空间建设和农村实用技术的创新，推动技术、创意和设计在公共空间建设中的应用和推广，从而发挥农村实用技术的各种价值和优势效益。

（3）填补学校、医疗资源等公共设施空缺，增加农民更多元化的选择。

为了解决农村地区公共设施空缺的问题，需要采取一系列措施来增加农村地区的学校、医疗资源等公共设施，同时也应该提供更多元化的选择，以满足农民的不同需求。

首先，应该加大政府投入，提高财政专项资金的使用效率，加强学校、医院、道路等公共设施的投资和建设。同时，政府还应该积极引导社会力量参与农村公共设施建设，尤其是一些民间力量可以发挥作用、受欢迎的公益性项目。例如，通过与企业、非政府组织（NGO）等各种组织合作，共同参与农村学校、医院建设，提高农民受益的效果。

其次，应该实行校园开放制度，使学校成为农村地区文化生活的中心。围绕学校的建设，应该积极发展农村文化艺术、体育健身、少年儿童活动、社区服务等多种形式的公共文化和公益活动，以满足农民多种不同的文化和生活需要，引导农民走出家门，认识世界，广泛参与社会发展和文化建设。

最后，还需要扶持和鼓励农村优质医院的建设，鼓励一些大医院加大扶贫力度，通过技术和人员转移，完善医疗服务体系，优化医疗资源配置，提高农民的健康水平。

（4）注重宣传教育和人文关怀，让警示教育和文化活动也涵盖进来，建设文明、和谐的乡村社区。

为了建设文明、和谐的乡村社区，需要注重宣传教育和人文关怀，并把警示教育和文化活动纳入其中。

应该加强宣传教育工作，通过各种形式的宣传和教育活动，提高农民的文化素质和道德水平，并加强乡村社区的文明乡风建设和社会主义精神文明建设。例如，组织一些文化讲座、文化比赛、文艺演出等各种文化活动，激发农民的文化兴趣，增加知识储备，同时也可以配合当地的传统文化和风俗，形成乡土文化；此外，结合当地的宣传活动，宣传农村经济发展、环保与文明乡风等主题，提高群众的意识。

应该注重提供人文关怀，关爱农村人民的生产和生活，增强人民的获得感、幸福感和安全感。例如，工作人员可以定期走访安置在社区的老年人、残疾人家庭，并帮他们解决实际困难；同时，可以参与志愿服务、绿化环保、社区治安等方面的工作，扩大社区影响力，增强社区凝聚力和感召力。

应该把警示教育和文化活动纳入乡村社区建设中，加强对青少年的思想教育和道德引导，提高他们的法律和公共意识，减少社会不良行为。通过开展防贪腐、打击犯罪、防盗防火等主题的警示教育、反腐倡廉宣传等活动，促进农村社区的安全和稳定。

（5）通过邀请专业机构参与乡村公共空间规划和建设，避免建设效果和品质不达标的情况。

为避免乡村公共空间建设效果和品质不达标的情况，需要邀请专业机构去参与规划和建设。专业机构可以帮助制定合理的规划方案，从村庄的规划、景观设计、绿化、交通、环保等多个方面进行科学的考虑和设计，在建设中把握好质量和效果。

在规划乡村公共空间时，需要通过专业机构提供的技术和经验去进行科学的分析和研究，制定出合理的规划方案，同时注重调研民意，充分尊重当地村民的意愿，在规划和建设中充分考虑当地的生态环境和文化传统等因素，使规划方案更科学、更切实可行。

在建设乡村公共空间时，需要邀请专业机构进行施工和监测等工作，保证建设过程中的质量和效果。专业机构可以通过提供科学的材料和工艺方案、建立行之有效的监测机制、实施科学而有效的管理措施等方式，确保建设工作按照规划方案顺利进行，通过科学的管理手段来提升工程建设的品质和效果。

需要邀请专业机构来进行乡村公共空间的后期维护和管理工作。“万物生长于细节”，乡村公共空间建设的长效管理和维护非常重要，需要有专业人员对其进行日常维护和巡查，及时发现问题并解决。此外，专业团队可以结合当地实际，做好预算、考虑资金回报等工作，让建设好的乡村公共空间长期得到维护和提升，有利于促进当地经济发展和社会进步。

第三章　美丽乡村公共空间营造的理念和原则

第一节　美丽乡村公共空间的营造理念

一、乡村公共空间的营造理念概述

美丽乡村公共空间的营造理念是通过规划、设计和管理，将农村地区的公共空间打造成富有特色、宜居宜业的环境，以提升农村居民的生活质量和幸福感。该理念注重保护自然环境、传承乡村文化、激发社会活力，并与当地的发展需求相结合。

二、美丽乡村公共空间的意义

乡村公共空间的建设是一个全方位的生态工程，将为乡村带来更为广泛和深远的发展影响。建设美丽乡村公共空间并不只是让乡村变得更美丽，它对于促进乡村经济、社会和文化全面的发展都有着积极的作用。美化公共空间可以提升乡村形象，吸引更多游客前来旅游并进行旅游消费，从而为本地经济带来更为可观的收益和实力。此外，乡村公共空间的建设还有助于提升乡村居民的文化氛围和生活品质，让他们内心愉悦、生活充实，提升生活的质量和幸福感。更重要的是，美丽乡村公共空间的建设，有助于增强乡村社会的凝聚力和向心力，促进社区居民之间的交流互动和情感认同，尤其对于新冠疫情期间乡村社区的凝聚及民族团结更有积极意义。因此，乡村公共空间的建设需要得到政府和社会各方的积极支持，让乡村实现全面的美丽蜕变，持续推动乡村振兴发展。

三、建设美丽乡村的关键

要建设美丽乡村，首先，要注重景观特色，发掘当地自然风光、历史文化和人文特色等方面，使其成为自然与文化的有机结合，形成独具特色的乡村风貌。其次，需要强化品牌效应，打造一批具有代表性和影响力的文化品牌，提高乡村知名度和影响力。同时，还需要深挖乡土文化内涵，将传统文化与现代生活相结合，力求让乡村文化焕发出新活力。

要多维度推动农村振兴，需要在产业发展、农村建设、生态保护等方面寻求切实可行的发展路径。发展现代农业和乡村旅游等新兴产业，促进农村产业转型升级，为乡村振兴注入新的活力。在农村建设方面，要统筹规划、模块化设计，注重长远考虑，用现代化技术改善农村基础设施。在生态保护方面，要注重生态文明建设，实施生态保护与环境治理，切实改善生态环境。

为了提升社区化和智能化建设，需要让乡村基层社区有更好的组织和建设，注重加强社区管理和服务，为居民提供更加便利的生活和娱乐设施。此外，要发挥科技的推动作用，加强智慧农村建设，推广先进的信息技术，让科技创新助力美丽乡村的建设。

四、强化品牌效应

强化品牌效应对于建设美丽乡村至关重要。通过精心的设计和运营，打造自己的品牌，让美丽乡村在市场上占领更加有竞争力的位置，才能够吸引更多的人来到这里，推动当地经济发展。

品牌化建设项目的目的是要通过差异化竞争和区域间的联动效应来提升美丽乡村的竞争力。在推进品牌化建设的过程中，需要注重传播营销。通过推广营销和品牌建设，把美丽乡村的品牌带到更远的地方，如整合当地交通网络和加强基础设施建设等，将美丽乡村的魅力传达给大众，提高知名度和美誉度。

品牌化建设需要注重整合各类资源，进行差异化运营。特别是在乡村旅游和休闲等方面，需要在客户满意度、产品体验、品牌影响力等方面加强深化。同时，还需要注重环境保护和生态建设，保证品牌的可持续性发展。

五、深挖乡土文化内涵

乡土文化是乡村社区内代代相传的文化形态，它代表了一个地区的历史、地理、社会结构、习惯、传统等元素，是农村文化的底蕴和核心。在乡村公共空间的建设过程中，深挖乡土文化内涵，寻找地方特色，可以有效促进文化传承和乡村发展。

为了打造具有地方性的文化品牌和类型特色，乡村公共空间建设需要注重挖掘农村的文化内涵和产品特色。这包括从历史、地理、风俗习惯等多方面角度深入分析，了解当地的文化特点和发展历程。通过了解和分析文化的基础和规律，可以为乡村公共空间的规划和建设提供重要的参考和支持。

在深挖乡土文化内涵的同时，还需要注重文化产品的开发和运营。通过加强地方文化产品的开发和推广，可以使文化得以传承和发扬。通过开发具有乡土特色的文化产品，吸引更多的游客来到乡村，提升乡村的知名度和美誉度。

六、关注景观特色

美丽乡村公共空间的规划设计不仅是对空间形态的简单改造，更需要以整个生态体系为依据，强调自然、生态、文化和建筑环境之间的互动关系，通过特色景观元素的巧妙融合，打造具有地域特色、文化特色、生态特色的乡村公共空间。

在乡村公共空间的规划设计中，关注景观特色是非常重要的一环。景观元素具有艺术、文化、生态等多重含义，通过巧妙地融入当地山水、人文、风物等特色景观元素，可以为乡村公共空间增添更多的魅力。通过挖掘乡村的文化、自然特色，以及保护生态环境、生物多样性等，打造具有自然生态、文化特色、历史积淀的美丽乡村公共空间。

同时，同域的功能空间和景观特色也是美丽乡村公共空间设计和建设的必然选择。通过功能空间的规划布局和景观元素的巧妙融合，可以为乡村公共空间增加更多的使用场所和功能需求。将美丽的景观元素与空间功能合理融合，既满足了人们的使用需求，也提升了乡村公共空间的文化内涵和品位。

七、多维度推动乡村振兴

随着城市竞争的加剧和基础设施的完善，农业和农民收入的人口红利不断减少，这也让农村发展面临着不少挑战。为此，推动乡村振兴，以多维度的方式来推动乡村公共空间的充分利用和升级改造，成为当务之急。

首先，可通过实现城乡融合发展来推进乡村振兴。尤其是在推进城乡融合发展的过程中，要注重在乡村公共空间规划建设方面的差异化创新，以满足不同区域、不同乡镇对于公共空间的不同需求。除此之外，还要注重促进城乡一体化发展，整合各方面的资源，形成一个完整的发展体系，以推动乡村公共空间的提升和改造。

其次，深入实施农村文明行动，也是推进乡村振兴，实现乡村公共空间充分利用的重要途径之一。在推进农村文明行动的过程中，除了注重提高农民的文明素质外，还要加强对农村文化、历史和生态环境的保护和研究，推出更多具有地域特色的文化产品和公共服务项目，提升乡村公共空间的品位和文化内涵。

此外，乡村产业发展和农业农村食品系统改进也是推动乡村振兴的重要手段。在乡村产业发展方面，要通过引导农村企业转型升级、加强农村产业规划建设等方式激发乡村的发展潜力。在农业农村食品系统改进方面，要注重提高农产品质量和品牌意识，加大农产品销售渠道的开拓力度，形成有品质且农民满意的农村消费市场，从而推动乡村公共空间的升级和改造。

八、维护本地生态环境

在进行乡村公共空间建设时，必须要保证本地生态环境的良好维护。这是因为，乡村公共空间建设所包括的农业生产、环境和社会需求等方面，都是相互关联、相互影响的。因此，在规划和建设过程中，需要注重本地生态环境的协调性，以确保公共空间的可持续发展。

首先，要注重自然环境的协调性。在公共空间的规划和建设中，应当优先考虑自然环境的保护，注重生态保护和修复，以降低对生态环境的破坏。例如，在建设公园或游步道时，应根据周边的自然条件和生态环境进行规划和建设。这样，才能够更好地保护生态环境，提升公共空间的美观度和易用性。

其次，要注重环境间的协调性。作为建设公共空间的基础，应该注重环境间的协调性，避免公共空间建设对周边功能带来的不利影响。在公共空间规划和建设过程中，要充分考虑流域的水文特点和河流的文化价值，同时注重滨水区和水生态的保护。

最后，要注重要素的均衡利用。在公共空间规划和建设过程中，需要坚持科学规划，合理布局，注重公共资源和地方要素的整合、共享和均衡利用。例如，在公共空间建设过程中，可以利用农村空闲土地建设公园、游步道、花海等景观性公共空间，同时也可以引进文化、娱乐、体育等元素，满足不同层次的社会需求。

九、提升社区化和智能化建设

在当前乡村公共空间建设中，社区化和智能化建设已经成为发展的趋势。社区化建设是指通过集合社区资源，完善社区的生活、文化、教育和医疗等各方面的功能，以满足乡村居民日常生活的需求。而智能化建设则是通过利用高新技术手段，提高服务的智能化、便捷性和透明度，同时对公共空间的规划和管理也带来了一定的监管作用。

在社区化建设方面，应该注重对乡村社区资源的整合与利用。通过整合社区内的资源，可以为乡村居民提供更加便利和实用的公共服务。例如，建立社区文化、教育、健康等服务设施，开展多样化、富有特色的社区活动，提供更加全面、优质的社区服务，让乡村居民享受到城市般的优质公共服务和管理。

在智能化建设方面，应该注重提供以人为本的智慧服务体验。利用高新技术，如人工智能、物联网、云计算等技术手段，提高公共服务的智能化、便捷性和透明度。例如，在公共场所增设智慧服务区，通过语音识别、人脸识别等技术手段与乡村居民互动，提供快速、准确、智能的服务。同时，也可以通过建设智慧家居、智慧农业等设施，提高生活和工作的智能化水平。

第二节　美丽乡村公共空间营造的原则

乡村公共空间营造的原则是指在美丽乡村建设过程中，遵循一些基本的发展规律和建设原则，以保证乡村公共空间建设的质量和效益。美丽乡村公共空间营造的五个原则如下所示。

一、自然与人文相融合

美丽乡村建设是近年来中国推行的一项重要战略，着重通过发挥乡村特有的资源和优势，依据乡村特有的经济、社会和自然环境特征，实现可持续发展和环境保护。而在这个过程中，美丽乡村公共空间的建设具有重要的意义。为了确保乡村公共空间建设的质量和效益，我们需要遵循一些基本原则。其中第一原则是“自然与人文相融合”。

自然与人文环境是乡村空间的重要组成部分，同时也是乡村公共空间建设的基础和保障。因此，在进行乡村公共空间设计和营造时，需要充分利用和尊重乡村自然和人文环境。一方面，我们需要在设计中尽可能地保留自然之美，在最小化破坏自然环境的前提下，运用自然资源，在建筑和景观上融入天然的地形、水体和植被等元素，与周围的自然环境相协调。自然美和间接的复杂性，意味着我们需要在这些区域进行灵活、夸张以及恰好的构建。另一方面，我们也要发扬人文之美，借鉴和挖掘乡村传统文化，体现公共空间的历史、文化和生态价值，以满足乡村居民的文化需求，发掘本地文化资源的价值。在营造过程中，不断发掘和传承乡村人文历史，塑造一个具有高度人性化、社会化、公共化和文化特质的乡村公共空间，体现自然和人文通过有机融合实现循环取用，以及可持续发展的目标，营造出美丽的、符合人类需要和人类生存原则的乡村空间。同时，为了实现自然环境和人文特色的完美结合，我们需要在规划和设计中注重整合和协调不同要素，达到合理分布、统一布局的效果。

总之，实现“自然与人文相融合”的目标需要我们在乡村公共空间建设过程中按照这个原则出发，既充分尊重自然和人文环境，又要避免破坏环境，同时也要兼顾现代化的功能要求。通过发挥乡村的内在优势，充分利用地方的自然风景和历史文化，营造出更适合人类居住的美丽乡村公共空间，提高乡村居民的生活质量，促进乡村经济的发展，实现乡村全面振兴的目标。

二、生态环保与可持续绿色发展

美丽乡村公共空间的营造不仅要考虑自然与人文的有机融合，还要注重生态环保与可持续绿色发展的理念，以建立一个环保、可持续发展的乡村公共空间。

伴随经济社会的快速发展，我们现在很难想象一个美丽乡村必须建立在环境破坏的基础之上。相反，乡村地区具有丰富的生态资源和绿色资源，这些资源具有巨大的潜力，不仅可以满足乡村居民的日常生活需求，还能为经济发展提供源源不断的动力。在建设美丽乡村公共空间时，必须注重生态保护，以保护生态环境，保障自然和人类的和谐共存。同时，还需要考虑如何在乡村公共空间建设中实现可持续发展，即在经济发展和生态保护之间达到平衡。

具体来说，美丽乡村公共空间的建设需要注重以下几个方面：首先，要加强对自然资源的保护和管理，以保证生态系统的稳定和保持生态环境的完整。尤其是在设计建设过程中，需要避免破坏生态环境，减少土地改变、水体污染等对生态环境的破坏。其次，要提升乡村公共空间的绿色水平，发展可再生能源、节能环保，以实现对资源的节约和保护，同时减少环境污染对人类健康造成的危害。最后，建设乡村公共空间需要注重生态文明建设，尊重传统文化，发扬乡村的传统文化，以提高乡村居民的生态保护意识和绿色环保素养。

实现“生态环保与可持续绿色发展”的目标需要借助科技手段和政策支持。例如，可以利用智慧城市、人工智能、大数据等技术手段来实现乡村公共空间的智能化，有针对性地建立智能化数据管理平台，以实现全面、实时、高效的管理。同时，也需要制定相应的法律、法规和政策，以支持和促进生态环保和可持续绿色发展，鼓励人们在道德上、行为上和意识上能够坚持生态保护和绿色环保的理念。

因此，美丽乡村公共空间的建设不仅是一个完美的艺术品，更是一种改变和提升乡村社会、经济、文化和环境质量的重要方式和途径。在营造过程中，应当注重生态环保与可持续绿色发展的理念，以保障乡村公共空间的生态环境和可持续发展，营造一个符合人类生存和发展需要、美丽宜居的乡村公共空间，推动社会经济发展和文化传承，实现乡村美丽新风貌的翻新和提升。

三、功能与美学统一

在美丽乡村公共空间的建设过程中，除了考虑自然环境和生态保护外，也需要注重功能与美学的统一。这是因为公共空间的设计需要满足人们的实际需求，同时也需要良好的美学表现，以给人们带来美感的享受和文化的积淀。

要实现功能与美学的统一，首先，需要考虑公共空间的功能性。公共空间的功能性是指公共空间为居民的生活、工作和娱乐提供的基本服务和设施。这些服务和设施包括如交通设施、水电气设施和娱乐设施等各种生活必需品。另外，还需要注重公共空间的易用性和实用性，以确保公共空间的使用效果和便利性。

其次，公共空间的美学表现同样重要。公共空间的美学表现包括建筑风格、色彩、造型、材料等方面。这些元素的完美组合可以创造出各种不同风格和氛围的公共空间。美学表现可以给广大群众带来美的享受，激发人们的审美情趣，也能展现乡村的文化底蕴和人文背景。因此，在设计和建设公共空间时，要注重美学表现，将美感元素融入公共空间的功能性设计之中，以实现功能与美学的统一。

在美丽乡村公共空间建设中，需要从多方面考虑功能与美学的统一。例如，公共空间的布局需要根据实际需求和环境特点进行规划，使人们在公共空间内能够自由交流、活动和休息。同时，公共空间的颜色和材料的选择也要兼顾美观性和实用性，以创造出丰富、深刻的空间感和氛围。

对于公共空间的美学表现，一方面，注重现代化的建筑风格、绿化景观和公共艺术展示；另一方面，也要注重传统文化的体现和保护。乡村文化源远流长，具有深厚的人文内涵和艺术魅力，需要在现代公共空间中有所体现，让公共空间成为传承乡村文化的重要载体。

在实现功能与美学统一中，需要借助科技手段和人才支持。在过去，乡村公共空间的设计建设和管理都比较粗糙和缺乏人文关怀。而如今，随着科技和人才的不断提升，可以通过智慧城市、智能化管理等方式来实现公共空间的智能化和人性化。同时，公共空间的建设和管理也需要有专业的人才支持，如建筑师、城市规划师等，以确保公共空间设计和建设达到更高的效果和艺术性。

总之，实现功能与美学统一是创造美丽乡村公共空间的必经之路。在乡村公共空间营造中，需要注重满足人们的生活和消费需求，同时融入艺术性因素，创造出多姿多彩、兼具实用性和美学价值的乡村公共空间。这是营造美丽乡村的重要举措和战略，为乡村文化与经济的发展和繁荣奠定良好的基础。

四、区域与个性协调

在美丽乡村公共空间营造中，区域与个性协调是非常关键的原则。乡村公共空间的特点各不相同，每个地方都有独特的地域文化和特色，因此在乡村公共空间的设计和建设中，需要从各种方面考虑如何融合区域特色和个性文化。

首先，要全面考虑区域发展规划和特色。在进行公共空间的设计和建设时，需要根据所处地区的发展规划和特色，充分利用当地的自然资源和文化底蕴，充分体现当地特色和地域文化，以提高乡村公共空间的地域性和人文性。例如，对于位于南方的乡村，可以采用绿色和花园的设计元素，与南方热带气候相适应；而对于位于北方的乡村，可以采用石材、木材、雪景等元素，体现北方天寒地冻的特色。

其次，要发挥和突出个体及特色文化的魅力。在营造乡村公共空间时，需要尊重当地居民的生活方式和文化传统，在营造公共空间时融入个性化的设计元素，体现公共空间的个性和独特性。例如，可以在乡村公共空间中增加当地民俗文化元素的展示，如民歌、乡村美食等，以增加公共空间的个性和文化内涵。

在实现区域与个性协调的同时，也需要注意传统与现代、地方与国际、自然与人的紧密联系的统一。在乡村公共空间设计时，需要注重传统与现代的融合，兼顾地方与国际的因素，注重自然与人的紧密联系，创造出丰富而多姿的乡村公共空间。这样，不仅能够满足人们的现代化需求，也能够保护传统文化和地方特色，提高公共空间的艺术性和文化性。

在实现区域与个性协调的过程中，需要充分发挥设计师的专业知识和美学素养。设计师需要了解当地的历史和文化背景，深入挖掘地域特色和个性文化，以此为基础进行创新性设计，打造美丽乡村公共空间。此外，设计师还需要注重技术的运用，提高乡村公共空间的可持续性和智能化水平，充分发挥人工智能、机器人、大数据等新一代技术的优势，以保证公共空间的创新性和实用性。

总之，实现区域与个性协调是美丽乡村公共空间营造的必要原则。在营造乡村公共空间时，需要兼顾各种因素，融合创新性的设计和优秀的技术手段，使美丽乡村公共空间具有艺术性、实用性和地域特色，能够充分满足人们对于美好生活的需求和期望。

五、历史与未来共存

美丽乡村公共空间营造的第五个原则是历史与未来共存。这是指在保护和传承乡村历史文化的基础上，将现代文化和未来发展需求融入乡村公共空间设计中，实现乡村公共空间的现代化建设。这也是乡村公共空间建设中最重要的原则之一。

乡村公共空间具有深厚的历史文化底蕴，它蕴含着丰富的文化和人文遗产，具有独特的历史、文化和生态价值。在美丽乡村公共空间营造中，必须充分发扬和传承这种历史文化，同时融入现代文化和未来发展需求。这样，才能在继承传统文化的基础上，推进乡村公共空间的现代化建设，提升乡村品位和生活品质。

首先，乡村公共空间设计中必须注重文化遗产保护和传承。在公共空间设计中，需要充分考虑乡村的历史文化，包括古老的建筑、传统文化、民俗风情等，对这些文化遗产进行保护和传承。例如，在乡村公共空间中，可以充分展示当地的传统手工艺品、美食、民俗文化等，以此为基础将当地的文化特色和历史遗产呈现给游客和居民，从而增强其归属感和自豪感。

其次，乡村公共空间设计中需要兼顾现代需求和未来发展，以实现公共空间现代化和可持续发展。在设计和建设乡村公共空间时，需要根据乡村现状和未来发展需求，结合现代设计理念和技术手段进行创新性设计和建设。例如，在公共空间中加入现代化的智能化装备，绿色、可持续的产品和服务等，以满足当地居民和游客的现代化需求和未来发展要求。

综上所述，在美丽乡村公共空间营造中，需要坚持历史与未来共存的思想，将保护和传承乡村历史文化与现代文化和未来发展需求融合起来，实现乡村公共空间的现代化建设和可持续发展。设计师需要充分考虑乡村的历史文化、现代需求和未来发展趋势，通过设计和创新来打造一个充满人文关怀、现代化和可持续的乡村公共空间。这样的公共空间不仅具有文化价值、艺术价值，还能够促进当地经济和社会的发展。

第四章　美丽乡村公共空间建设中的景观设计

第一节　景观设计基础知识

美丽乡村公共空间的建设有赖于景观设计，它可以使乡村更加美丽、更加宜居，增强民族心系，也是实现乡村振兴的重要手段之一。对于景观设计知识的学习和掌握，不仅能够促进美丽乡村建设的高质量发展，而且有利于提高社会的环境素质和人们的生活水平。本节将详细介绍美丽乡村公共空间建设中景观设计的基础知识和理论。

一、景观设计的定义

景观设计（landscape design）是指利用自然、人工和文化资源，结合特定的地形、气候和社会环境等自然社会因素，经过规划、设计、建设和管理等环节构建人们的生存空间和文化艺术空间。景观设计是在结合自然、人工、文化背景的氛围下进行环境美化、营造、规划和设计等活动的过程，是从整体上考虑地面、建筑、绿化、水体等环境要素的总体规划及微观细节设计，以创造舒适、安全、健康、美观、具有文化特色的环境空间。

二、景观设计的基本要素

（一）地形地貌

地形地貌是景观设计中不可或缺的主要因素。它关系到整个场地的环境特色和形态，对景观设计形式的影响程度十分重要。在设计过程中，合理利用场地的不同地形、地貌和高低起伏等要素，可以创造出多样化、丰富多彩的环境场景。例如，针对不同的地形特征，可以安排地被植物、水体构建、休闲游乐设施等元素，从而为场地增加更多活力和美感。这同时也是实现景观设计整体和谐的重要原则之一。通过科学的地形地貌分析，设计师可以为场地开发出更多可能性，从而营造出场所的美好氛围和特点。总之，地形地貌是景观设计过程中的重要一环，它影响着整个场地的视觉效果和观感体验，同时也将对场所的整体设计效果起到至关重要的作用。

（二）植被和绿化

植被和绿化是景观设计过程中至关重要的因素。植物作为设计的灵魂，对于景观设计的成败起到了决定性的作用。它们可以通过色彩、形态、品种、风格、文化内涵等多个方面的选择，赋予设计更深层次的意义和价值。特别是在当代城市化进程日益加快的今天，越来越多的人需要通过植物来接触自然。植被和绿化不仅可以让人们感受到自然的美丽和力量，还可以提高城市化过程中人们的环保意识。添加一些有独特文化内涵或具有历史意义的植物，还可以加强场所的地域特色和文化底蕴。广泛使用植物还可以起到帮助空气净化、改善生态环境的作用，对于生物多样性的保护和城市环境的生态建设起到了积极的作用。

（三）景观硬质设施

景观硬质设施是一个景观设计中至关重要的元素。硬质设施包括建筑、道路、广场、雕塑、水池等。这些设施在设计中扮演着不可或缺的角色，是实现整体设计效果的重要组成部分。设计合理、制作精良的硬质设施，不仅可以为人们提供良好的使用环境，而且还可以起到美化城市环境的作用。既能满足人们基本的生存和活动需求，又可以提高城市化过程中人们的环保意识。合适的硬质设施可以增进社会互动、文化交流和人们的身心健康，能够让设计更加符合社会发展需要。硬质设施对整个设计的质量和实现效果具有至关重要的作用，如果硬质设施不到位，整个设计就会失去它的实际意义和魅力。

（四）实用设施

实用设施是乡村公共空间设计中不可或缺的一部分。作为整体美观的前提，它们不仅为人们提供便利，而且为人们带来舒适的使用条件。这些设施包括游乐设施、庇荫、灯光设施等，它们是公共空间设计中的重要组成部分，具有非常重要的功能。在美丽乡村公共空间的设计中，应该以人为本，更加注重实用设施的设计。这种设计理念不仅可以为游客和市民提供更好的使用条件，提高公共空间的利用率，还可以吸引更多人来到这里，增加乡村旅游收入，促进乡村经济繁荣。同时，也要考虑实用设施的兼容性和可持续性，确保其不会对环境造成损害和存在潜在的危险。

（五）人文环境

在景观设计中，人文环境的考虑是非常重要的，也是实现文化价值的一种高效手段。景观设计不仅要考虑景观的美观性和实用性，还要巧妙地融入人文环境要素，以展现本地区的民俗文化、历史文化、宗教文化和哲学文化等。这些文化元素不仅能够体现本地区的文化内涵，而且能够增强景观设计的文化价值。景观设计师可以通过对当地文化、历史、地理、社会和经济等方面的调研，来深刻理解这个区域的人文背景，并进行有针对性和创新性的设计。例如，在景区公园的设计中，可以用景观元素对本地区的历史事件进行象征性的表现，或引用当地的传统手工艺品，或在公园内建造一些传统文化的茶室、纪念碑等，以此来为游客呈现一种独特的文化体验。

三、景观设计的设计原则

（一）整体性原则

整体性原则是景观设计必须遵循的一个原则，设计师需要全面考虑场地的大小、地形、环境和人文等各个方面的因素，创造出相互统一和谐的整体设计。一个优秀的景观设计应该是有机的、有序的，能够使人们获得精神的愉悦和身心的休息。

（二）适应性原则

适应性原则是景观设计中的一个重要原则，设计师必须根据场地的不同特点和要求，选择适当的植物、材料、硬质设施等，从而保证设计能够适应不同的场地和气候条件，增加空间的适应性和可持续性。

（三）可持续性原则

可持续性原则是现代景观设计的基本要求，设计师需要注重对环境的保护和资源的节约，降低设计和建造的能耗和排放，确保景区环境的可持续性和生态平衡，从而为未来的社会发展作出贡献。

（四）多元化原则

设计师应该注重丰富景区环境，创造出多样化、独特化的景观空间，营造出浓郁的文化氛围，从而为游客提供更多元、更丰富的体验感受。

（五）舒适度原则

舒适度标志着景观设计的成功与否，设计师需要注重人的感受和需求，提高设计的舒适度，创造出宜人的空间环境，让游客在使用景观空间时能够感受到愉悦和舒适，从而提升景区的品质和美誉度。

四、景观设计的实际操作

（一）环境分析

在进行景观设计时，需要进行环境分析，对场地环境进行深入研究和综合分析。环境分析旨在识别和评估场地的内外部特征，了解一些有关气候、地形和人文等环境要素的信息，以便设计师能够根据这些要素进行规划和整合。

气候是环境分析的重要要素之一，因为气候对人们的居住和活动有着至关重要的影响，而决定气候条件的因素包括纬度、海拔高度、地理位置、海洋和陆地的分布等。因此，设计师需要对这些要素进行分析和判断，以便在设计中考虑如何最大限度地适应气候条件。

另一个重要的环境要素是地形，包括地势、高度和水质等因素。在分析地形的时候，需要考虑地形的影响，以及如何利用地形来塑造景观。例如，在平地上设计一个水池或人工瀑布，可能需要增加填土或挖掘，而在一个山坡上设计一个花园则需要考虑地形对水的影响和土壤的保护等问题。

形状是另外一个需要关注的环境要素，既包括场地面积的大小也包括场地的形状。场地越大，设计的空间就越宽广。在整合设计时，设计师需要将场地的大小和形状与设计目标相匹配，以确保最终设计能够符合场地的特征和要求。

（二）程序工作

在景观设计中，程序工作是一个重要的环节，其中包括设计概念、骨架、材料、细部设计和估算造价等方面。要根据环境要素和场地要求，设计出景观设计的总体骨架和基本要素，并对整个设计过程进行系统性、实用性划分和分析，以确保整个设计方案的完整性和实用性。

设计概念是景观设计中的基础，设计师需要根据项目的目标和场地情况，考虑不同的设计理念，反映在设计方案中。骨架是设计中的重要组成部分，包括景观元素、空间安排和功能等。设计师需要根据设计概念，针对场地的特点，建立一个整体骨架，明确各要素的位置和比例关系。

材料的选择也是程序工作的重要组成部分。设计师要考虑不同材料的用途、耐久性和维修成本等因素，并且需要与客户协商，以确认最终选用的材料符合双方的需求。

细节设计是景观设计中的重要环节，必须考虑各个细节，包括植物的种植、灯光的布置、材料的排列等。设计师需要在整个设计过程中关注细节，确保每个组成部分都能够实现设计意图，达到最终效果。

最后，估算造价是一个非常重要的程序工作，设计师需要使用专业软件或手工计算方式进行准确的成本估算。估算造价的主要目的是确保设计方案对于客户来说是可行的，也可以使设计工作更加合理和有效。

（三）施工管理

在景观设计中，施工管理是实现设计成果展现的关键环节。它包括施工方案的制定、资产筹措、施工过程的管理、施工现场的施工和后期的管理工作等，不仅需要计算成本，还需要全面考虑选材、选工、设计环境等诸多细节。

制定施工方案是施工管理的首要工作，包括施工工序、材料的选择、技术规范和时间表的制定等。在制定施工方案时，需要充分考虑场地条件、施工难度、资金筹措等问题，确保方案的可行性和完整性。

资金筹措是落实施工方案的重要环节，需要制定明确的资金管理计划，掌握资金的使用情况，以确保资金在规定的时间和范围内按照预定方案被使用。

施工过程的管理需要全面考虑施工进度、质量和安全等方面，控制施工风险，确保施工质量和安全性。在施工过程中，需要注意尽量减少材料浪费和人力浪费等问题，提高施工效率和资源利用率。

施工现场的施工需要协调施工人员、管理团队和场地环境，确保施工活动的顺利进行。施工过程中需要把握好施工节点和关键环节，注重人员安全和保护环境等问题，确保施工过程的高效性和安全性。

后期管理工作主要包括保养和维护管理，要求对完成的景观进行定期的检查、维修和保养。在这一过程中，需要密切关注环境变化和使用情况，并对变化进行适应性调整，以确保景观长期保持良好的状态。

五、景观设计的重要性

景观设计是美化城乡环境的一个重要手段。随着全国美丽乡村建设的深入推进，景观设计在乡村公共空间的有序建设方面变得越来越重要。在现代社会中，人们的生活节奏逐渐加快，压力和紧张感不断增加。而美丽的自然环境和精心布局的公共空间能够让人们放松身心，感受到大自然的美好和宁静，具有不可替代的重要意义。

美丽乡村建设的目标，是打造宜居、宜业、宜游的乡村环境。其中，公共空间的设计成为关键环节。美术、建筑、规划、环保等领域的专家，都需要齐心协力，创造出更加绿色、科技、智能、生态的乡村公共空间。

景观设计作为公共空间建设中不可或缺的组成部分，能够为公共生活创造出更为美好、舒适、生动的场景和环境，这种设计的灵感来自天然美景、文化传承和当地的特色建筑。通过景观设计，可以打造出具有美感和特色的公共广场、公园、停车场和商业广场等公共空间，让人们在这些空间中感受到优雅自然、平和安宁的乡村生活气息。

景观设计的重要作用不仅体现在生态价值表现上，更体现在经济和社会效益上。在发展旅游业方面，公共空间的美化和改造可以吸引更多的游客，增加旅游收入，从而推动当地经济的发展。而对于当地居民而言，美化的乡村公共空间可以提升居住环境的品质，增加居民的幸福感、获得感和自豪感。

景观设计不仅是美丽乡村建设的重要组成部分，也是实现乡村振兴的有效途径之一。通过景观设计，可以提升乡村的形象和吸引力，吸引更多的人才和资金，将乡村变成人们期望居住和生活的地方。

第二节　多元化景观设计方法

景观设计常常被视为将自然和人造环境结合的艺术形式，但现代景观设计一直在不断推动这一概念向更高的水平发展。多元化的景观设计方法不仅追求环境美学，而且也考虑社会、经济、生态等方面的问题。本节将介绍几种多元化的景观设计方法，以表明它们如何为实现可持续性和更好的环境、社会和经济效益作出贡献。

一、自然主义景观设计

自然主义景观设计是一种以自然为创作基础的，致力于恢复和保护自然环境的景观设计方法。它的设计思想是让自然成为景观设计最重要的元素，通过有机的设计手法，在自然要素、建筑要素、社会要素之间建立密切的联系，使设计成为整体生物化的一个重要部分。

自然主义景观设计注重于地方特色，而非依托于高科技和人工环境。它着重于环境的保护和可持续性的发展，适用于以自然环境作为设计主题的场所，例如，公园和自然保护区。其目的是让设计具有实用性，并追求更加适合当地环境的解决方案。

自然主义景观高度依赖于地域文化和地表覆盖的差异。在具备良好的生态环境的前提下，设计者可以将当地植被、水体和野生动物等自然要素融入设计中，创造一个和谐自然的环境场所。

自然主义景观设计师不只是单纯的修建一个美丽的景点，更主要是要保持景观与生态之间的平衡，创造出人与自然共存的和谐局面。

自然主义景观设计需要考虑到很多的生态因素，在设计中充分尊重和考虑当地的自然环境特点，如文化、历史、地貌、气候等因素。这就意味着，在设计的时候，必须采用一种相当自然的设计手法，秉持着尊重自然、与自然合作、保护生态的理念。在设计时要避免对自然环境、野生动物、植被造成破坏，要保持与自然平衡的联系，使其成为一个和谐的整体。

为了让自然主义景观设计获得更加广泛的应用，设计师需要有一定的专业知识和经验。首先，设计师需要做好充分的研究工作，包括对野生动物、植被、土地和地形的了解。其次，设计师需要将环境评估和基础设施规划纳入整体设计方案中。最后，设计师需要与客户和当地社区合作，以保证设计的准确性和可行性，以及对当地人的尊重和保护。

二、历史主义景观设计

历史主义景观设计，从字面意义来看，指的是将历史、文化和自然遗产作为设计的源泉，强调保存、复原和传承这些遗产。其核心目的在于重新找回社区或公共空间的历史传承的吸引力。这种设计方法注重保护历史遗产，强调历史和文化的重要性。同时，还通过环境研究和补充，实现历史和现代技术的相互融合。

历史主义景观设计有几个基本概念。首先，它希望能够保存和提升过去时期的建筑、景观和文化历史，使其传承到未来中，为人们带来美妙的视觉享受和心灵沉浸。其次，历史主义景观设计师尽力维护既有的城市规划和建筑，以避免对原本的历史和文化遗产产生过度、不当的干扰。此外，历史主义景观设计注重环境特征，关注建筑、景观和其周边自然环境的统一。

历史主义景观设计可以凭仗我们共同的历史和文化来确保社会根基，并带动对特定的地区、城市和项目进行评估，以更好地进行规划和建设。在既有规划和建设的基础之上，设计师可以展现对历史和文化的认知，并在特定的受众和目的的要求下，提供高质量可持续发展的设计。通过选取、重现和保护历史遗产，历史主义景观设计支持环境、文化和经济发展之间的平衡，创造出一个蓬勃发展的社区，以及一个更加美好的未来。

历史主义景观设计的实践需要考虑特定环境的特定需求和限制。经过深入调查、研究和评估之后，设计师才能制定全面有效的复原方案。复原范围包括建筑、园林和文化遗产，需要进行全面详细的规划和编制。这有助于确保方案的实际可行性和文化合理性，使设计师能够更快地最小化代价和浪费。

历史主义景观设计的目标之一是使基础设施、社区建设、城市设施和周围环境的一致性达到最大化。在这种设计下，设计师通常致力于消除和减少浪费，以降低设计的总体成本。历史主义景观设计师通常具备超越其专业的跨学科知识，而在评估、设计和实施这些场景时，他们具备高度的定制性、灵活性和协商性，这使得这些场景更加符合特定场景的要求，并且维护了历史和文化上的连贯性。

三、现代主义景观设计

现代主义景观设计是一种强调技术发展和环保的景观设计方法。它旨在创造符合人类需求和人性原则的设计，在城市规划、公共空间、公园、商业中心等重要区域之间进行连接和作用。同时，现代主义景观设计使用新技术，如绿屋顶、风、太阳能和节水灌溉，将这些技术融入设计中，以降低能源消耗和化学污染。通过将这些技术与前沿科技和自然清新的设计相结合，现代主义景观设计可以在减少资源消耗的同时，创造出美丽的新生态类建筑。

在现代主义景观设计中，人类是核心考虑的对象，因此，人类的需求和满足感是设计的重点。现代主义景观设计注重建筑和空间的设计，以便人类能够更好地与它们互动，创建舒适、美观、功能强大和环保的环境，并提供交通便利和公共设施。

现代主义景观设计强调使用新的技术来改善设计，其中包括绿色屋顶、太阳能、风能和水循环系统等。这些技术可以通过减少化学污染、能源消耗和其他消耗，来提高环境保护的效益。此外，现代主义景观设计强调节约资源，尽可能减少对环境的影响。因此，景观设计师使用的新技术不仅符合环境保护的原则，而且能够为人类提供更好的居住体验。

现代主义景观设计的另一个特点是融合前沿科技，例如，智能控制系统、传感器和虚拟现实技术等。这种融合使设计更加智能化、交互性更强，可以提供更高质量的服务和更好的用户体验。因为现代主义景观设计需要较高的技术含量，所以景观设计师必须掌握不同的应用程序，以实现最好的效果。

常见的现代主义景观设计包括大型城市规划、火车站、商业区和公共空间等。这些景观在设计时，强调人类和环境之间的和谐和平衡，注重建筑和空间的功能并与前沿技术结合应用，使其成为更具生态可持续性的空间。通过这些设计，现代主义景观设计师注重减少对自然环境的影响，提高设计效率和质量，并为人类创造更好的生活条件。

在实现现代主义景观设计时，还需要充分考虑生态系统和人类生存环境所需的可持续性。因此，景观设计师需要秉承“低碳、节能、环保”的设计理念，从建筑材料的选择、环境布局、能源消耗等各方面作出明智的决策，以保证最终设计达到最佳效果。为了实现这一点，景观设计师需要对新技术进行不断的探索和研究，以找到最佳可实现的方案。

四、社区参与景观设计

社区参与景观设计是一种以人为本、关注社区和人民参与的设计理念。这种设计方法的主要目标是根据当地社区的特点和需求，创造一个用户友好、可持续、维护方便的空间。它促进社区居民之间的互动和沟通，并增强了社区的凝聚力。社区参与的设计将形成一个与居民沟通、共享和反馈的过程，从而建立更好的社区合作关系。

社区参与景观设计对于社区的优点是显而易见的。它能够增加居民对于设计的认同感，提高居民的参与意识。通过社区居民的参与，设计可以更加符合居民的需求和期望，为居民提供更好的空间环境。此外，社区参与的设计也可以有效地减少居民与设计者之间的隔阂，建立友好的沟通和合作关系。在社区参与的设计中，居民通常会提供一些具有实际意义的想法和反馈，这些反馈可以促进设计改进和完善，从而使设计更加实用和贴近社区需求。

社区参与景观设计的过程通常包括以下三个环节。首先，设计师必须深入了解社区的情况和需求，与社区居民开展广泛的交流和沟通。其次，设计师会根据社区的实际情况制定一份设计方案，并将其与社区居民共享和反馈。在这个过程中，设计师应该认真听取社区居民的意见，并进行相应的调整，以使设计更加符合社区居民的需求和期望。最后，设计方案得到居民认可之后，设计师可以开始实施方案并落实相应的改进和维护方案。

在社区参与的设计中，设计师应该注意以下三点。首先，必须尊重社区居民的意见和需求，并在设计中充分考虑并回应。其次，设计方案必须可持续，并应该能够提供一个安全、舒适、环保的居住环境。最后，设计师必须精心制定维护方案，并向社区居民提供相应的培训和指导，以确保设计项目可以长期地服务于社区。

社区参与的景观设计要取得成功，还需要积极的政府支持。政府在设计的初期就应该就规划进行充分的沟通和交流，并在整个设计过程中与社区居民保持紧密的联系。此外，政府还可以提供必要的资源和支持，以确保设计方案的实施和维护得到顺利进行。

总之，多元化的景观设计方法不仅需要追求环境美学，还需要考虑到社会、经济、生态、文化、历史和人民的利益。通过采用这些方法，设计者能够建立可持续性和可发展性的景观设计方案，提高景观设计的价值和意义。另一方面，景观设计也需要与相关领域的专家和普通民众紧密合作，真正实现其价值和作用。

第三节　应用新技术、新材料和新工艺的景观设计

随着科技的不断进步和应用，新技术、新材料和新工艺越来越被广泛地应用到景观设计领域中。新技术、新材料和新工艺的应用可以提高景观设计的效率、创造性和可持续性，并为人们创造更加美丽和舒适的生活环境。

一、新技术的应用

（一）三维建模技术

三维建模技术是现代景观设计必不可少的工具之一。通过使用电脑软件，设计师可以将他们的想法制成一个准确的三维模型，以更好地展现设计意图。与传统二维的手绘设计相比，三维建模技术可以更好地呈现设计师的创意，并减少设计中的误差。这对设计效率和创造力的提高非常重要。

同时，客户可通过三维建模技术更好地理解设计方案。通过虚拟现实技术与三维建模技术的结合，可以在真实的环境中展示

方案，让客户更加形象地看到设计的效果。这使客户和设计师之间的沟通更加方便，并可以更好地满足客户的需求。

三维建模技术也可以节约时间和成本，设计师可以在电脑上制作和修改三维模型，避免制作实物模型或现场勘查的时间、成本和风险。这也大大缩短了设计周期，并提高了设计的质量。

（二）前沿数字模拟技术

随着计算机技术的发展，数字模拟技术已经成为不可替代的工具，越来越多的景观设计师开始尝试使用数字模拟技术进行景观设计。数字模拟技术可以将现实世界中的地形地貌特征、水文条件、气象环境等因素进行模拟和分析，帮助景观设计师更全面地了解环境，并更好地制定设计方案。

数字模拟技术还可以用于模拟景观设计的效果，以便更好地展示和沟通设计意图。通过数字模拟技术，景观设计师可以更加直观地展示设计方案，包括场景特色、植物配置、光照效果等，让客户更好地了解设计方案，并提出更具建设性和可操作性的建议。

前沿数字模拟技术包括三维可视化技术、虚拟现实技术、增强现实技术等。三维可视化技术可以将设计师的想法以真实、可视的方式呈现出来，提高设计效率和工作准确性。虚拟现实技术可以将用户带入一个虚拟的世界，让其能够体验设计方案的效果，更有说服力地阐明设计思路。而增强现实技术则可以将虚拟的场景与实际的环境重合展现，让场景更具真实感。

（三）光伏技术

如今，光伏技术已经成为一种利用太阳能转换成电能的主流技术。在景观设计领域中，光伏技术可以用于为景观设计提供能源支持。例如，在公园、广场、室外咖啡厅等场所设置光伏板，就可以利用太阳能为灯光和其他设备提供电力，从而节约能源成本。

光伏技术的优点在于其可靠性和环保性。光伏板可以长期稳定的发电，而且在太阳能充足时，电能的输出也非常高效。同时，光伏技术不会产生任何污染和排放，因此也更加环保。

在景观设计中，光伏技术可以为设计师带来更多的创意和灵感，例如，可在景观处设置带有光伏板的遮阳棚、座椅或景观墙面等，从而实现具备功能和美观的设计。光伏技术也可以作为绿色景观的一种标志性元素，提升景观环境的整体质量和环保形象。

（四）人工智能技术

如今，人工智能技术已经广泛应用于各种领域，包括景观设计。人工智能技术可以用于分析大量的数据和信息，以便景观设计师更好地了解社会环境和人们的需求，从而打造更具人性化的景观。

在城市设计中，人工智能技术可以与交通、气候等因素相结合，分析城市的物流状况，考虑交通流动性和交通拥堵情况，以便实现更加便捷和可持续的城市环境。同时，人工智能技术也可以帮助景观设计师设计更加宜居和舒适的城市公共空间，并通过大数据分析技术对城市人口密度、社会人口结构、消费能力、购物需求等因素进行更精准的预测和计算，实现更有意义和创新的设计。

在自然景观的设计中，人工智能技术也有着广泛的应用，可以对气候、土壤、植物等因素进行实时监测和分析，帮助景观设计师了解自然环境的变化，从而制定更加合理、科学和环保的景观设计方案。

二、新材料的应用

（一）合成材料

合成材料是指由两种或两种以上不同材料组合而成的材料。它们在景观设计中具有广泛的应用，既能够增强景观的美观度，又能够予以强调景观的设计理念、节能和环保的设计目的。

一方面，合成材料通常具有多个种类和颜色。当用于景观照明时，合成材料可以更好地反射光线，使景观更加明亮、色彩更加鲜艳。同时，通过合成材料复杂的物理和化学性质，设计师可以精确地控制照明的角度和亮度，从而实现更加精致和高效的照明效果。

另一方面，合成材料这种极具创新性的材料还可以用于公园场地铺装和水景喷泉等方面。与自然材料的缺点（如易损性和不易清洁）相比，合成材料可以抗风、抗日晒、不褪色、光滑、易清洁等。合成材料的应用可以使场地铺装更加健康、更加安全，并能有效地减少环境污染。在水景喷泉的设计中，合成材料可以使喷泉更加惊艳、更加绚丽，同时还能根据设计师的需求制作不同形状和大小的水景喷泉。

（二）碳纳米管材料

碳纳米管材料是一种由碳原子构成的管状结构。它们具有极高的强度、刚度和导电性，而且耐腐蚀、耐热和耐候性能卓越。这使碳纳米管材料在景观设计领域拥有广泛的应用。

首先，碳纳米管材料可以用于制作栏杆、桥梁、太阳伞骨架等建筑构件。这些构件经过加工后，可以使结构更加坚固、耐久，并且更加美观。此外，碳纳米管材料具有高度的耐腐蚀性能，这使它们在海边、雨林等恶劣环境中也能保持良好的状态。

其次，碳纳米管材料具有极好的导电性。在景观照明设计中，碳纳米管材料可以用于制作灯柱和灯杆，通过人体感应或传感器进行自动调节，实现更加高效和节能的照明方案。同时，由于碳纳米管材料具有亲水性能，可以应用在防水涂料材料中，从而使建筑物更加坚固、耐久。

（三）可降解材料

可降解材料是一种能够在特定环境条件下分解和消失的材料。在景观设计领域中，可降解材料的应用越来越广泛，因为它们能够帮助实现可持续的设计目标。

首先，可降解材料可以用于制作花盆、花槽、草坪等绿化设施。这些设施通常使用普通塑料制成，但随着人们环境保护意识的增强，可降解材料越来越受欢迎。它们不会对土壤、自然生态造成污染，而且可以自然分解，为后续植被生长提供养分和土壤改良。

其次，可降解材料还可以用于制作地衣墙、护坡等景观工程。这些工程通常需要大量的耐久抗风抗腐蚀的建材，如果使用可降解材料，不仅可以减少对环境的污染，还能够降低对建筑物的伤害。因此，可降解材料在城市绿化和景观保护中有着广泛的应用。

最后，可降解材料还可以用于制作路障、指示牌和垃圾桶等城市设施。这些设施通常会被大量使用，如果可以使用可降解材料，它们在使用过程中不仅可以保证环境卫生，而且还可以自然分解，降低对环境产生的压力。

三、新工艺的应用

（一）数字化制造技术

数字化制造技术是利用计算机辅助制造的一种先进制造技术，它可以将生产过程进行数字化控制和管理，提高制造效率和产品品质。在景观设计中，数字化制造技术的应用也在不断推广，可以用于制作各种建筑构件，例如，栏杆、花盆等。

首先，数字化制造技术可以实现可视、可编程的制造流程，从而提高制造的准确性和效率。采用数字化制造技术，制造环节可以通过计算机编程进行实时控制，并按照预定的生产流程完成。它可以避免人为错误和偏差，充分提高生产效率和品质。

其次，数字化制造技术可以实现各种形状、尺寸、材质的定制化设计。数字化制造技术可以根据设计师的需求进行定制化设计和制造，制作的产品可以精准地符合设计要求，并且能够提供更多的定制化选择。这也为景观设计提供了更多的可能性和创新性。

（二）3D 打印技术

3D 打印技术是利用数字模型打印成三维实物的一种技术。该技术在景观设计领域中有着广泛的应用，可以用于制作各种地貌、建筑构件等景观元素，实现更加灵活、快捷的设计方案。

首先，3D 打印技术可以实现定制化的景观设计。利用这种技术，设计师可以根据具体需求，通过数字模型将想象的景观元素快速打印出来，实现零距离的交流和调整。在景观设计中，这种定制化的设计方式可以帮助客户更好地理解商品，提高他们的购买欲望，也可以更好地满足他们的个性化需求。

其次，3D 打印技术可以提高景观设计的创新性。设计师可以通过 3D 打印技术将自己的灵感变成现实，并不断进行试验和改进。这种快速迭代的过程可以帮助设计师更好地掌握设计的细节，拓宽设计的思路，提高设计的创造力和吸引力。

最后，3D 打印技术可以提高景观设计的效率。传统的手工制作需要时间和人力成本，而利用 3D 打印技术可以实现景观元素的自动化生产，同时也可以提高制作的速度、精度和一致性。这可以让设计师将更多时间和精力放在创新和实验上，提高景观设计的效率和质量。

总之，新技术、新材料和新工艺的应用对于景观设计具有重要的意义。它们可以提高景观设计的效率、创造性和可持续性，并为人们创造更加美丽和舒适的生活环境。未来，景观设计将与新技术、新材料和新工艺的应用紧密结合，从而创造出更加智能、高效、环保且美观的设计方案。

第五章　美丽乡村公共空间建设中的建筑设计

第一节　建筑设计基础知识

近年来，随着城市化进程的加速和城市人口的净流出，让农村成为开发的重点，各种举措被推出，建设美丽乡村是其中之一。而在美丽乡村的建设中，公共空间的建设是重中之重。其中建筑设计是其中的重要方面，建筑设计的基础知识在美丽乡村的公共空间建设中扮演着重要的角色，这里我们将介绍美丽乡村公共空间建设中常见的建筑设计基础知识。

一、建筑构造学

建筑构造学是建筑学科中的一门基础学科，它探究了建筑物的构造形式、其所用材料及其性能特征、钢结构、木结构、混凝土结构、砖石结构等相关知识。建筑构造学的知识对于建筑的设计、施工和维护等方面都具有非常重要的意义。

在农村公共空间建设之中，考虑在设计某个建筑物时所使用的材料和结构类型时，建筑构造学的知识显得尤为重要。在一个项目中，对于某个建筑物的某些平面构造或垂直负荷，建筑工程师需要合理地选择材料，并应用合适的结构类型，还需要明确构造的强度和刚度需求，以及施工和维护的成本等诸多因素。

针对农村公共空间建设的实际需求，建筑构造学相关理论和技术已得到广泛应用和深入试验证明。例如，在乡村公共建筑中，一些建筑材料的耐久性和易损性是非常重要的考虑因素。此时，建筑工程师要通过对这些材料抗压强度、耐腐蚀性以及防火性的考察，选择最适合的材料来保证建筑物的耐用性。

此外，建筑构造学也扮演着极为重要的角色，它能够非常有效地帮助设计师了解建筑物施工的过程和建造的难度。在建筑的实际施工过程中，建筑构造学的应用需要与土质力学、建筑力学等学科紧密结合。其目的是保证每个步骤都符合安全、可持续和节约的要求，同时避免不必要的人力和物力浪费。

二、建筑空间形态学

建筑空间形态学是一门研究空间的感受和形态的科学。其研究领域包括了建筑内部和外部的空间结构、体积、形态以及构成空间的元素和因素等。同时也包括了建筑物的功能、使用、环境和地理位置等因素。

在农村公共空间建设中，建筑空间形态学的知识可以帮助设计师精确地把握社区公共空间的使用、基础建设和空间配置等方面的问题，从而有效地优化建筑的规划和设计。通过研究乡村公共空间的各个方面，如空间结构、体量大小和形态以及元素构成等内容，可以为设计师提供更加灵活的设计方案。此外，建筑空间形态学还可以帮助设计师更准确地评估和优化建筑物的实际使用目的和效果。

对于乡村公共空间建设，建筑空间形态学的知识可以帮助设计师完善社区公共空间的基础设施和环境配套，并通过平衡各方需求和考虑素质，设计出更加合理和实用的建筑空间。例如，在设计一个公园或广场时，设计师可以根据周围建筑物的地理位置和环境特点，选择恰当的空间结构和元素布局，让公共空间达到最大限度的利用效益。同时，通过形态学的研究，还能为设计师提供一种看待空间的新视角，从而设计出更加精美的建筑形态。

三、建筑美学

建筑美学研究的是建筑的审美特征、视觉效果、空间表现力和色彩效果等方面的学科。在美丽乡村公共空间建设中，建筑美学的知识可以帮助设计师把握建筑造型和美感，建筑艺术的语言与概念等要素，从而使建筑物能够在功能实用和艺术美感中得到兼顾。

建筑美学的研究是在人们对美的追求和感知的基础上进行的。由此，建筑艺术的形式和表达与人们的美感体验密不可分。在乡村公共空间建设中，通过运用建筑美学的理论和技巧，可以为乡村地区的建筑设计带来更多的美感和艺术感受，让人们产生更多的共鸣和认同感。

在建筑美学的研究中，形态和结构、比例和颜色、线条和造型等都是重要的研究方向。通过运用这些美学元素，可以设计出

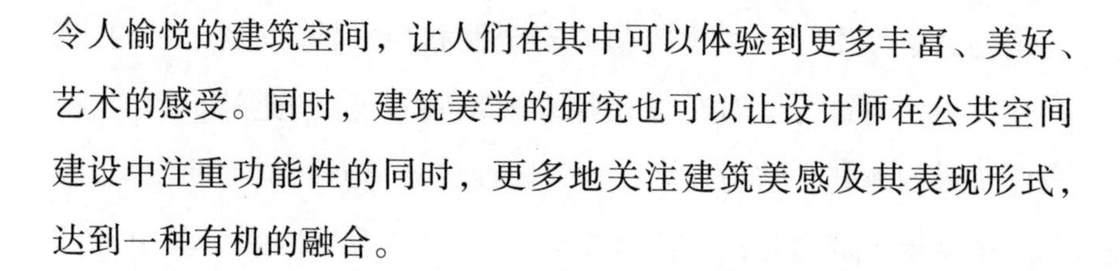

令人愉悦的建筑空间，让人们在其中可以体验到更多丰富、美好、艺术的感受。同时，建筑美学的研究也可以让设计师在公共空间建设中注重功能性的同时，更多地关注建筑美感及其表现形式，达到一种有机的融合。

四、建筑工程学

建筑工程学是一个涵盖了多个学科的知识领域，包括土建、水利、机械、电气等多个方面，在农村公共空间建设中是必不可少的重要知识点。

当设计师具备了建筑工程学知识，便可以在规划和设计阶段准确地设想和规划所需材料的使用，并提高限制因素的抵抗力，从而制定出合理、节约、安全和环境友好的方案。在建筑工程学的研究中，通信和气象学的知识在农村建设中扮演了关键角色，如通过气象学知识可以对气候变化和环境影响进行评估，从而制定出合理的建设计划。

建筑工程学还包括建筑设备预测和预计等方面的技术，这些知识不仅可以帮助设计师提前了解设备的情况，还可以帮助他们对于材料或设备性能出现问题时，提前解决。在乡村公共空间建设过程中，这些技术可以帮助设计师成功地完成复杂的建筑结构和设计任务，为乡村区域提供更加安全、可靠和环保的建筑和设施。

五、建筑力学

建筑力学是建筑学科目中的重要分支科，它主要研究建筑物的结构力学性质，关注建筑物的安全性和稳定性。在农村公共空间建设中，建筑力学对于设计师来说是必不可少的知识点，它涉及建筑物的地基、结构强度、材料属性等多个方面。

在设计建筑物时，设计师需要考虑许多力学因素，其中地基是一个至关重要的因素。建筑物的地基必须稳定，能够承受建筑物的重量，并抵抗自然灾害，如地震、风灾等。同时，设计师还需要对建筑物的结构强度进行考虑，确保建筑物能够抵抗外界的力量，如台风、风暴等强风。此外，设计师还需要考虑材料属性，如材料的质量、强度、耐久性等方面的性质，以确保建筑物的可靠性和安全性。

在建筑力学的研究中，还需要许多其他方面的考虑，例如，建筑物的荷载承受能力、材料的稳定性和变形等。这些因素代表了建筑力学研究的核心领域，也是建筑师在设计建筑物时必须掌握的关键知识点。

六、建筑科学

建筑科学是建筑学中的基础学科，与建筑材料、建筑建造技术和优化空间规划等学科密切相关。建筑科学主要研究建筑材料、建筑结构、土力学、弹性力学等领域，其中需要涉及许多数学和物理学的基础知识。在农村公共空间建设中，建筑科学的知识对于设计师来说是至关重要的，它可以帮助设计师更全面地了解建筑物所需的各种功能配置。

建筑材料是建筑科学研究的重要领域之一。不同建筑材料的使用场景不尽相同，需要考虑许多因素，如抗压、抗拉、耐腐蚀能力等方面的性能。在农村公共空间建设中，选用合适的建筑材料是至关重要的，仅选用价格便宜的材料是不够的，它们必须匹配相应的性能需求，以确保耐用性和质量。这就需要建筑科学能够提供精确、系统和科学的方法来评估和优化这些材料的性能和特性。

建筑结构方面也是建筑科学研究的重要领域之一。每个建筑物的结构都各不相同，需要设计师在农村公共空间建设中对这些结构进行一系列的考虑，如结构的质量和安全、承载能力等。因此，在设计建筑物时，建筑科学需要为设计师提供准确的数据和模型，以帮助他们理解每个结构的强度需求和承受均衡负载的能力。

第二节　建筑设计风格与特点

在美丽乡村公共空间建设中，建筑设计风格与特点是至关重要的。这些设计元素可以帮助设计师创造出富有当地特色的建筑物，从而更好地适应当地的自然环境和历史文化。在本书中，我们将探讨在美丽乡村公共空间建设中的建筑设计风格与特点。

一、传统建筑风格

传统建筑风格是指一种具有历史厚重感和地域特色的建筑风格，通常是在当地文化和自然环境的基础上发展而来的。在乡村公共空间建设中，传统建筑风格被广泛应用，以表达乡村的和谐、自然与美好。

对于传统建筑风格的建筑材料，木材是其中最常见的材料之一。在乡村地区，木材较为普遍，经过加工可以被制作成各种形状的构件，如横梁、柱子和楼板等。此外，石材也是传统建筑风格的重要材料之一。在山区或丘陵地带，石材资源相对充足，因此石材被广泛应用于建筑物的结构和装饰方面。砖也是传统建筑风格的一个重要材料，利用砖块可以建造出牢固、耐用的房屋结构。

在传统建筑风格中，建筑布局也非常重要。为了考虑社区整体性和可持续性，传统乡村建筑常常被设计成具有合理的布局和规划。例如，在一个小村庄中，房屋不仅被设计成相互独立的单元，而且还将被整合进其中一个大社区之中，以便更好地利用公共空间和资源。

传统建筑风格的色彩通常也具有特殊意义。在传统乡村社区中使用的颜色通常以暖色调为主，如黄色、红色和棕色等。这些颜色象征着自然、谦虚和友好的精神，同时也能够与周围环境融合，营造出一种和谐、温馨的氛围。

二、现代建筑风格

现代建筑风格是指自工业化时期以来的一种新型建筑风格，它强调抽象、大胆和简洁的设计形式，特别是结合了科技和工业的进步，更注重于高效节能、环保和可持续性。

对于现代建筑风格的建筑材料，高性能玻璃和混凝土等新型建筑材料成为常用材料之一。高性能玻璃不仅可以调节室内温度和光线，而且还可以有效降低室内噪声和节省室内空调消耗。混凝土则可以制成各种形状的构件，更加稳固，同时具有较长的使用寿命。此外，铜材、钢材、石材等现代新型建筑材料也得到了广泛应用。

在现代建筑风格中，建筑布局同样非常关键。现代乡村建筑常常被设计成开放、流畅和明亮的空间布局。这种布局能够创造出宽敞、明亮的室内氛围，使人们感到轻松和舒适。

现代建筑风格的色彩通常也非常讲究，强调简洁、明快和富有活力。在现代乡村社区中使用的颜色通常是白色、黑色和灰色等，这些颜色不仅可以反映出现代风格的精髓，同时也能够与周围环境融为一体。

三、当地文化风格

当地文化风格是指在乡村公共空间建设中，利用当地特有的生活方式、文化背景和历史传承等因素，来打造具有独特氛围的设计元素。在当地文化风格的设计中，建筑风格、材料和图案等是最常见和重要的设计元素。

在塑造当地文化风格的建筑风格时，通常利用当地历史和文化背景，选择适合当地环境气候的建筑形式。如中国南方水乡常使用木结构、悬棚、河道等建筑风格；而西北地区则常用青砖白壁、平顶或凸起的塔楼风格。这些建筑风格不仅能够体现当地的文化背景和历史遗产，同时也可以更好地融入当地的自然环境。

当地文化风格的建筑材料也非常重要。根据不同的地域和文化背景，选用当地常用、易得的材料进行建筑。如中国南方常使用竹子、木材和麻线等材料；而北方干旱地区则多使用黄土、泥砖和石料等材料。这些当地常用的建筑材料能够反映出当地的文化背景和传统习俗，也能够更好地融入当地的自然环境。

同时，在当地文化风格的图案设计方面，也有很多值得关注的元素。当地文化通常会在建筑物、家具、织物等方面加入特定的图案和纹样。如中国汉族的“龙凤呈祥”图案，在家具上广泛使用；而藏族则常在建筑外观上使用五彩斑斓的图案装饰。这些图案和纹样不仅能够展现当地的文化特色，也可以增强建筑物的美观度和艺术性，提高建筑物在社区内的认同感和吸引力。

四、环保建筑风格

环保建筑风格是指在乡村公共空间建设中，使用可持续、环保、节约能源的设计元素来打造建筑物。这种建筑风格注重利用自然资源，减少人造干扰并最大限度地降低对环境的负面影响。

首先，在环保建筑风格当中，一种常见的做法是采用可再生能源，如太阳能和风能等。这些能源不仅可以减少对非可再生能源的依赖，同时也有助于减少碳排放量，保护环境。此外，优化照明系统也是环保建筑风格中一个重要的设计元素。这包括了采用 LED 灯照明、光感应控制和照明自动关闭等举措。采用这些方法可以有效减少能源消耗，降低建筑物能耗。

其次，在环保建筑风格的设计中，高效而环保的空调系统也是一个非常关键的因素。例如，使用地源热泵系统，能够有效地利用地下水温度调节室内气温，从而达到减少能耗和环保的目标。除此之外，鼓励自然通风和采用通风式设计也是环保建筑风格的重要设计元素。

除了上述措施，环保建筑风格还注重采用可持续、有机的建筑材料。例如，传统的黄土壁和稻草屋等建筑材料在乡村地区得到广泛应用。同时，设立垃圾分类与回收站，作为减少污染和提高资源回收利用率的途径，也很常见。

最后，在环保建筑风格的设计中，将建筑物与周围自然环境相结合也非常关键。这包括采用当地特有的材料和色彩，以及遵循当地生态原则等。这些设计元素可以帮助建筑物更好地融入周围的自然环境，并且营造出一种与自然相协调的建筑风格。

五、创新性设计

创新性设计是乡村公共空间建设中至关重要的一部分，旨在打造出能够更好地满足社区和环保需求的建筑风格。这种设计风格强调创造性思维和能力，通过使用新颖的理念和技术来创造出具有实用性、美观性和可持续性的建筑。

首先，在创新性设计的建筑风格方面，自然感的建筑非常流行。这种建筑风格强调自然资源的利用，通过使用天然材料如竹子、木头和石头等，以及打造绿化墙和屋顶花园等形式的植被，创造出与周围自然环境相协调的建筑风格，使整个建筑更具有生命活力。

其次，在创新性设计的建筑风格方面，由自然材料和附加装置组成的建筑也备受追捧。这种建筑风格将传统的自然材料和现代科技应用相融合，创造出更加灵活的建筑结构和功能。例如，在墙壁上安装太阳能阵列以供电，或者在屋顶上安装收集雨水的系统等。这些附加装置可以提高建筑物的便利性和可持续性。

最后，在创新性设计的布局和空间组合方面，更加灵活的使用方式和多功能空间得到了广泛应用。例如，通过移动墙壁、包厢和折叠床等灵活元素来达到可变空间效果，使空间的使用更加方便和灵活。此外，还有多功能的公共空间组合，如咖啡馆、书店、办公室等多功能场所，可以有效利用资源和减少浪费。

第三节　美丽乡村公共空间建设设计中的注意事项

一、结合当地文化和历史传承

在建筑设计中，应该充分考虑当地文化和历史传承，体现其传统特色。例如，在中国南方水乡地区，建筑常常采用木结构、悬挑阳台、沿河布局等设计元素，而在西北干旱地区，建筑则倾向于使用青砖白墙、塔楼等传统元素。这不仅可以融入当地自然环境，更能提高居民的认同感。同时，注重使用当地特色材料和图案，如中国的太湖石、石头和荷花图案等，可以使建筑更加具有地域特色，凸显建筑的文化魅力。当我们关注和尊重当地传统文化时，我们同时也能维护和推广这些文化。因此，建筑设计与当地文化传承的结合是一种重要的措施，既能满足居民的生活需要，也能推动当地的文化传承和发展。

二、采用环保、可持续的设计元素

在建筑设计中，必须注重环保和可持续性，通过采用环保和可持续的设计元素来降低污染、降低能耗和提高可持续性。采用可再生能源如风能、太阳能和水能等，是可持续性设计的重要方面。同时，要优化照明和空调系统，以减少能源消耗和废气排放。这不仅节省能源，还可以降低建筑的碳排放，并在长期使用中减少建筑带来的环境负担。

另外，选择优质有机建筑材料是环保可持续性设计不可或缺的一部分。有机材料如天然木材和竹子，其生长过程中只吸收二氧化碳（CO_2）而不产生 CO_2 排放，相比于人造材料具有更好的环境性能并具有良好的透气性和调节温湿度的作用，能为建筑用户提供更加舒适的生活环境。

三、创新性设计

在建筑设计中，创新性设计是非常重要的，它需要使用新颖的理念和先进的技术来创建实用性、美观性和可持续性的建筑。创新性设计可以采用多种方法，例如，自然感的建筑设计、采用自然材料和附加装置组成的建筑设计以及多功能空间的设计。这些方法不仅可以提高建筑的实用性和美观性，还可以在建筑设计中考虑可持续发展因素。

首先，自然感的建筑设计是一种创新性设计方法。它直接将自然的美感和生态理念融入建筑设计中，创造出与自然环境相协调、统一的建筑风格。这种建筑设计常常采用环保材料，建筑整体采用自然色系，让人与自然瞬间产生共鸣。这种设计方法主张“内容优于形式”，使建筑的“人文气息”得以得到更加良好的展现。

其次，采用自然材料和附加装置构成建筑是另一种创新性设计方法。例如，使用竹子、麻绳、皮革等天然材料来装饰建筑，将建筑与自然融为一体。同时，还可以采用多种附加装置来提高建筑的实用性，例如，建筑顶棚的太阳能光伏板、雨水收集装置等，以实现对能源的取代和再利用。

还有一种创新性设计方法是利用多功能空间。这种建筑设计可以很好地支持不同场景下的多种需求，如公共空间、休闲区、媒体区、办公区等。多功能空间结合人文特点，将建筑空间设计得准确而合理，既可满足人们对空间的基本需求，又能够体现建筑的多种功能。

四、统一规划、合理布局

在社区建设中，统一规划和合理布局是非常重要的，因为它可以根据社区的需求，结合自然条件和场地条件，实现合理的规划和布局，为整个社区营造一个适宜居住的环境。统一规划和合理布局也可以在社区中形成一种良好的集体意识和美感，增强社区的凝聚力和文化氛围。

首先，合理的规划和布局可以保证公共场所的位置、间隔和大小等方面具有适度的统一性。这种规划旨在为市民提供美好宜居的环境和良好的生活体验。例如，社区公园和游乐场的区划布局应当与社区方位一致，并考虑到乘车和步行的距离，以便让居民更方便地前往使用。这种合理布局大大提高了居民对公共场所的满意度，也更能推动社区公共空间的共享开发。

其次，合理的规划和布局也意味着注重社区内建筑物的协调性和美观性。这种协调性和美观性可以在建筑的大小、形状、颜色等方面表现出来。例如，社区中的所有建筑都应使用统一的设计风格和材质，以保持整体的一致性。此外，建筑的位置也应考虑如何更好地与周围的自然环境相协调，例如，森林公园和湿地公园可以更贴近自然风光，而儿童游乐场可以更贴近社区或学校。

五、加强安全设施建设

为了建设宜居的乡村地区，除了注重公共设施的建设，还必须加强安全设施的建设，进一步提升社区的安全性。因为乡村地区一般缺少安全设施，容易发生火灾、车祸等安全事故，使社区居民的生命和财产安全受到威胁。

首先，在公共空间建设中，必须加强消防设施的建设。针对农村地区村民居住的特点，建立有效的消防防护体系，降低社区火灾的风险。例如，在人口密集的社区，应在合适的位置设置消防栓和灭火器材，并定期维护和更新。此外，应加强对村民消防安全知识的普及，强化社区自救互救意识，提升应急处置能力。

其次，在交通建设中要加强安全设施的建设。由于农村交通道路较多是窄小的乡间道路，路面不平、车流量小，加重了交通安全的隐患。针对这种情况，可以改善和建设村间道路，加强交通设施的更新和完善，特别是在交通繁忙的路段，应当安装交通指示信号灯、隔离带、减速带等交通设施。此外，应当做好交通安全宣传教育，加强居民自我保护能力，有效地避免交通事故发生。

六、注重维护和管理

为了保持乡村地区建筑的美观、实用和安全性，需要注重维护和管理。在各个阶段，从规划、设计到建设和运行，都需要不断的维护和管理。相关部门可以制定完善的管理制度，引导居民参与维护和管理，形成积极向上的发展环境。

首先，需要制定完善的维护管理制度。建筑设计阶段就需要考虑其维护和管理，从建筑材料的选择到设备的配置，都需要考虑维护和管理的容易性。相关部门可以根据乡村地区的特点，制定具体的维护管理制度，包括维护和管理的责任方、维护和管理的周期、维护和管理的内容、维护和管理的标准等，营造良好的乡村社区环境。

其次，需要引导居民参与维护和管理。居民是社区建设的重要参与者，要通过教育宣传、法制引导等多种方式，引导居民积极参与到维护和管理中去。例如，可以创设志愿者服务队伍，通过培训和引导居民参与到社区维护和管理中来，共同打造美丽乡村。

最后，需要形成积极向上的发展环境。相关部门可以通过认证、评比等方式，激励各村落积极参与到维护和管理中来，争创文明乡镇、美丽村庄等荣誉称号。同时，要加大对规划和建设的监管力度，推动建筑设计的规范化和标准化，提升建筑品质和居住品质。

第六章　美丽乡村公共空间建设中的绿化设计

第一节　绿化设计基础知识

乡村地区的美丽乡村建设已成为我国城乡发展战略的重要内容。作为乡村地区公共空间建设中的重要环节，绿化设计不仅可以为人们创造出健康舒适的生活环境，还能满足人们对自然与环境的需求，构筑出一个生态和谐的社区。在美丽乡村公共空间建设中，绿化设计是非常重要的环节，本节将对美丽乡村绿化设计的基础知识进行详细的介绍。

一、绿化设计概述

绿化设计是一种创造和谐宜人绿色环境的行为，在不同的地理环境和区域特征下，通过精细的规划设计和科学合理的植被组合、景观建设和生态环境的创建，如小区、公园、广场和街道等公共空间地区，以改善人类的居住环境和提高生态环境质量。

进行绿化设计要求深入了解该区域的植被、土壤、气候、地形等条件，以保证绿化设计的科学性和合理性。通过对这些生态环境因素的合理利用和调节，可提高土壤肥力、改善空气质量、保持水源、增进地质稳定性等。同时，科学合理的绿化设计也能增强社会认识生态保护和建设绿色家园的重要性。

在进行绿化设计时，需要满足多种需求，创造引人注目的景观效果、利用植被遮盖热量以及提升空气质量等。因此，绿化设计需要适宜的培育和维护工作来满足这些需求。如何选择和组合植被，以及如何管理和操作绿色生态系统，是关键的绿化设计过程。

二、绿化设计的基础知识

（一）植被选用

植被在美丽乡村绿化设计中扮演着非常重要的角色。选用合适的植物可使美丽乡村更加美丽，甚至可以成为吸引人们前来游览的一大亮点。因此，在美丽乡村绿化设计中，应选用经济适用、造型优美、生长健壮、适应性强的植物，如花卉、观赏灌木及各类乔木等。

首先，在选择植被时，需要考虑经济因素。植被造价应符合实际情况，而且在购买过程中，还需保证质量。同时，在不同的地理环境和季节特点下选择不同的花木种类，能够创造出各异的精彩景色，使乡村更加美丽。

其次，植物的造型也是十分重要的考量因素。令人愉悦的造型和美丽的颜色能够吸引人们的视线，从而使美丽乡村植被成为一个自然的艺术品。在选择植物的造型时，应根据美丽乡村的文化、历史和风土人情等特点，灵活地运用对应的造型元素。

再次，植物的生长情况也需要考虑。要选用养分丰富的土壤，并给植物提供适当的养护，使其能够在美丽乡村的独特气候环境中良好的生长和发展。此外，还应注意植物的生长速度、病虫害防治等因素，以避免不必要的破坏和影响。

最后，选择适应性强的植物也是非常必要的一步。在美丽乡村绿化设计中，应遵循自然的规律，避免因选用不适应的植物而导致枯槁或长势不佳。因此，在挑选植物时，需对它的生态特性、生长状况、地理区位等进行详细了解，并合理搭配，以保证植物对环境的适应性和稳定性。

（二）绿化景观设计

绿化景观设计是一种通过合理植物搭配、景观元素的嵌入和规划，来创造出具备视觉冲击力的美学作品。在美丽乡村公共空间建设中，绿化景观的设计是非常重要的，因为合理的规划和设计可以为居民和游客创造出宜人的居住环境，并且丰富了公共空间的视觉效果和娱乐性。

例如，在公园绿化设计中，我们可以运用喷泉、石桥、假山等元素进行景观装饰。通过艺术性的设计和精细的制作，让公园变得更加美丽和吸引人。喷泉通常被用于公园的中心位置，因为它们能够洒落出绚丽的水花，增强景观效果的同时，还能够为人们带来凉爽和清新的感觉。石桥是景观中另一种常见的元素，它们不仅提供了跨越溪流的必要功能，同时还美化了公园生态环境。而假山则是人工制造的山丘模型，常被用于点缀公园的高处。假山不仅可以增加景观的立体感，还能为公园带来自然的山水风光。

绿化景观设计另一重要的方面就是植物的搭配。不同的季节和区域拥有不同的特点，因此选用不同植物进行搭配，能够创造出严谨而美丽的设计效果。在公园中，可以通过选用四季都能开花的植物，打造出富有活力的景致。如橘红色的分形花、金黄色的郎酒果、酡颜色的乌鸦梅等，这些娇艳欲滴的色彩会在秋季中留下难以忘怀的缤纷景色。

（三）绿化技术要诀

绿化技术是指在美丽乡村绿化设计中，根据不同的植物特点和生态环境进行合理的栽培、灌溉、施肥、养护等技术，以提高植物的存活率、生长速度以及美观度等效果。采用适当的绿化技术能够有效地提升乡村环境质量，塑造富有层次感和丰富的绿化景观。

首先，适应性强的栽培方式是绿化技术要诀中的重要一环。在选用适合的植物时，需要考虑植物的生态环境，例如，树种的阳、阴性能力，根系的深浅和茎叶的营养需求等因素。通过合理的选用和组合，实现植物生长和绿化效果的最大化。

其次，灌溉方式也是绿化技术要诀中的重要因素。在乡村绿化种植中，适当的灌溉方式可以有效提高植物的存活率和生长速度。例如，采用定时喷淋的自动灌溉系统，不仅可以节约耕作时间和人力资源，还能够根据植物的需求精准调控水量和灌溉时间，保证水分的均匀供给，以保障植物的正常生长。

此外，施肥和养护也是决定绿化效果的要诀之一。对于种植的植物，合理的施肥可以促进其生长和养护，同时提高其美观性。

而针对不同的植物，需要采用不同的施肥方式，如有些植物需要金属元素的滋养，而有些需要长时间的生长周期和大量的水分。在养护方面，需要根据植物的生长状态定期修剪、修整，以保持绿化美观度。

（四）绿化区位规划

在美丽乡村公共空间建设中，绿化区位规划是一个非常关键且重要的环节。绿化区位规划是通过在地图上划分出绿化区域的范围和街区标准，进而根据区域特征进行绿化的排布和规划，以达到美化乡村环境的目的。

在绿化区位规划中，需要结合当地的地理特点、气候环境等多种因素进行综合考虑和评估，从而确定出合适的绿化区域和绿化布局。例如，社区绿化可以选择在人口密集区、学校、公园等周边适当划分出一些绿化带，以方便居民进行日常散步和活动；村庄绿化可以在村庄内外的道路两旁种植各种花草树木，打造出美丽的山村景观；道路绿化可以利用多种技术手段，将路灯、交通标志等与绿植结合起来，打造出协调一致的绿化景观；广场绿化可以采用各种草坪、花坛、水景等元素，创造出良好的视觉效果，营造出愉悦的休闲氛围等。

通过绿化区位规划，美丽乡村公共空间建设可以形成多样化和有特色的绿化环境，进而提高公众对美丽乡村环境的感知和认知。同时，绿化区位规划还能够较好地解决绿化设施之间的协调问题，经济成本和资源平衡等多重问题，使公共绿化设施建设成为乡村绿化的重要组成部分，最终实现乡村地区环境的协调发展和绿色生态文明建设。

（五）绿化设计与环境保护

绿化设计是美丽乡村绿化建设过程中的重要一环。绿化设计的目标不仅是美化环境，同时也应考虑环境保护和生态和谐的因素。

在绿化设计中，要注意绿植材料的选择。应选择无污染、无毒、无害人体健康的植物。而且这些植物应具有生命力强、适应能力强、抗污染能力强等特点。此外，绿化设计的过程中，也应考虑灌溉的节约。设计时应选用具有较好的适应性、穿透性和保水性的土壤，并考虑植被的适应性，减少浪费，节约用水资源。

另一个重要因素就是在绿色植被中选择具有自净化能力的植物以保证生态和谐，如核桃树、红枫树等。这些植物可以有效抑制有害气体的产生及污染物质的排放，从而净化空气，对于缓解环境污染和改善生态环境起到重要的作用。

美丽乡村绿化设计是整个美丽乡村建设的重要环节之一，它能够为人们创造出健康、宜人的生活环境，从而提升人们的生活品质。在绿化设计中，应根据不同要求，进行植被选用、绿化景观设计、绿化技术要诀、绿化区位规划和环境保护等方面的合理规划和设计。同时，也需要注重绿化材料的培育和维护，保证其各项指标能够稳步提升，为美丽乡村建设作出贡献。

第二节　绿化规划与设计方法

随着城市化的发展，越来越多的人开始关注乡村旅游，对美丽乡村的需求也越来越高。在美丽乡村公共空间建设中，绿化设计是必不可少的一部分。本节将探讨美丽乡村公共空间绿化设计中的绿化规划与设计方法。

一、绿化规划的概念

绿化规划是为了建设美丽宜居的乡村公共空间，以满足不同的绿化目标和要求。这个规划需要遵循一定的原则和规律，同时考虑到不同的环境条件、用途和要求，从而通过科学管理、精细设计和细致施工等手段，对绿地空间进行全面的规划、布局、设计、建设和管理等调度和监督工作。

绿化规划的主要目的是通过绿化手段来提升美丽乡村的生态环境，打造绿色乡村的形象，以及种植各种植物，创造宜人的景观。通过绿色景观的营造，可以有效地提升乡村的整体形象和品质，为市民提供一个更加健康和舒适的生活空间。

在绿化规划的过程中需要进行科学研究和评估，并且通过整体规划和统筹，使各项规划能够有机地结合在一起，协同作用，最终达到协调、统一和美观的效果。在规划的实施过程中，需要注意保护和利用现有的生态资源和环境，避免过度开发和破坏，以保障绿化工程的长期稳定性和可持续发展。

二、绿化规划的原则

合理合法、可持续发展、植物适应性三个原则是绿化规划的核心。

（一）合理合法

绿化规划作为乡村和城市生态环境建设的重要组成部分，必须合理合法的制定和实施。在规划过程中，必须遵循城市规划和开发建设的规划要求和程序，同时考虑自然环境、生态环境、气候特点、资源条件、区位特色等限制和要求。

为了更好地实现绿化目标，绿化规划需要根据不同地区的实际情况进行制定。必须因地制宜，根据各个区域的气候条件、自然环境、生态基础和资源条件等，设计符合当地实际情况的绿化方案。这些方案既要尊重当地习俗和传统文化，也要考虑城市和农村人们的实际需求和生活方式，以此来确保规划方案与实际情况相符合。

在制定绿化规划方案时，要高度重视规划合法性，严格按照相关法律、法规、政策等制定，并且要进行充分的合法性审查，确保规划方案的合法合规性。各地要加强对绿化规划的监管和管理，对一些违法违规的行为采取严厉措施。只有通过规范合法的制定和实施，才能保障绿化规划的长期稳定性和可持续发展。

（二）可持续发展

绿化规划是城市和乡村生态环境建设的重要方面，必须牢固树立可持续发展理念，注重保护自然环境和生态平衡，避免对环境产生负面影响。因此，在规划和实施绿化工程时，必须考虑其可持续性和长远性。

可持续发展是指在满足当前社会经济发展需求的情况下，同时确保世代之间的公平和环境质量的维持和改善。绿化规划必须具备可持续性，即在保证绿化效果的同时，充分考虑生态保护等方面的因素，以最小化对环境的影响。为此，必须制定适用于各种条件的绿化项目方案，根据不同地区的资源条件、用地状况和地形地貌等，保护当地生态环境，促进生态建设，实现可持续发展。

在绿化规划实施过程中，必须采用科学的技术和管理手段。绿化工程应遵循生态学原理，采用环境友好型工程技术和建设模式，选用符合当地条件的植被种类，采取节水、省电、低耗能等措施，降低环境污染和资源的消耗。同时，在投资、修建、管理等各方面积极探索可持续发展的方式和方法，达到保护环境、防止生态破坏、可持续发展的目的。

（三）植物适应性

美丽乡村的绿化规划和设计是为了营造宜人的生态环境和美好的景观。在此过程中，考虑到植物对环境的影响和植物的适应性非常重要。如果绿化规划和设计中选择不适合当地环境条件的植物，则可能带来不良后果，甚至会逆转生态环境。

因此，在美丽乡村的绿化规划和设计中，我们必须优先考虑植物的适应性。这意味着我们应该选择对当地环境适应力强的植物，如在土壤里生长迅速、抗逆能力高、对光照要求低、适应气候变化等方面表现良好。这种适应性强的植物能够在无须进行大量改造土壤和环境的情况下自然生长，帮助我们节省成本和时间，同时也能够保证景观的持续发展和美化。

不仅如此，选择具有良好适应性的植物还能在保护生态环境方面发挥重要的作用。在美丽乡村的绿化规划和设计中，选择适应性强的植物可以有效减少对当地生态环境的影响，比如，能减少水土流失，并减少对土壤的破坏等问题。更重要的是，这些植物还可以帮助我们保持生态平衡，创造出健康的生态环境，更好地保护我们的家园。

三、绿化设计的方法

绿化设计的方法有许多种，可以通过以下四个方面来探讨。

（一）分析环境和景观特点

绿化设计是打造美丽乡村的重要手段，而对环境和景观进行充分的分析和评估是绿化设计的第一步。这项工作需要对该地区的地形、气候、土壤、植被、碳排放等方面进行详细的研究，从而为后续的绿化设计和实施提供更科学、更合理的建议和方案。

首先，环境特点的分析是绿化设计的关键，因为它对植物选择产生影响。例如，当地的气候和降水量以及温度变化幅度等环境要素，决定什么样的树种和草本植物能够适应当地的生长环境。大多数植物都有特定的生长要求，因此必须根据环境特点来进行选择，以确保它们能够茁壮成长。

其次，对景观特点的评估也非常重要。景观特点会影响绿化设计的选择和实施。例如，某些地区有岩石丘陵或陡峭山脉，这就需要采取不同的绿化方式来适应此类地貌。同时，在城市化逐渐普及的情况下，由于城市化所带来的人口密度增加，因此需要提高植被遮盖度，以降低空气污染和保护大气。

最后，对碳排放及其对当地环境的影响也需要进行评估。若采用了合理的绿化设计，在树木和植物的生长过程中，它们吸收并储存二氧化碳，从而帮助减少碳排放。这不仅有益于人们的身体健康，还可有效缓解全球气候变化的压力。

（二）考虑使用科技手段

随着科技的不断进步，绿化设计也逐渐引入了现代科技手段。这些科技手段可以帮助绿化工作者更有效地设计和维护绿化项目。如今，越来越多的科技被应用于绿化设计，如高效的灌溉系统、植被多样性、使用适应性强的植物，以及一些特定的水和土壤管理方案等。

一方面，科技手段可以使灌溉系统自动化，大幅降低绿化区的维护成本。例如，人工水管灌溉可能会浪费水资源，但是自动化农田灌溉是可以更加节约水资源的，有效减少人力和物力成本。而且，在干旱地区，科技型灌溉系统可以消除水分浪费，达到资源节约和环保目标。

另一方面，科技手段也能够增强植被的多样性和对环境的适应能力。通过利用科技和绿化专家的经验，可以确定特定的生长条件和土地分布，从而更好地选择不同类型的植物和树木种类，使其适应当地的气候和环境，增加因地制宜的绿化效果。

而且，科技手段还可以帮助绿化区进行维护管理。例如，应用无人机技术进行绿化区的影像监测和数据收集，以及自动化的绿地维护，例如，草坪修剪机器人和充电设备，这些都可以帮助绿化工作者更有效地管理和维护绿化区域。

（三）应用不同的设计风格和技术手段

在进行绿化设计时，选择不同的设计风格和技术手段至关重要。

首先，我们需要认真分析客户需求和环境要求，包括美感、生态、建筑等方面。只有在充分了解客户需求和环境的基础上，才能设计出令客户满意的绿化项目。

其次，我们可以考虑采用新颖的设计风格，如绿色屋顶，这种绿色建筑的特点是在建筑物顶部种植植物，起到美化环境、降低建筑物表面温度、提高建筑物绝热性能等多种作用。还可以采用钢筋结构建造廊架，这样不仅可以增强绿化的美观性，还可以使建筑物的压力更加均衡。同时，使用绿色屋顶和钢筋结构建造廊架等技术，还可以帮助实现环保、节能、保护生态等多种目的。

最后，我们可以增加公共交通线路的使用，如布置自行车道、采用环保公交车等，这样可以有效减少车辆尾气和交通拥堵问题，同时也可以促进市民健康、减少空气和噪声污染。

因此，在绿化设计中，我们应采用不同的设计风格和技术手段，同时充分考虑客户需求、环境要求和社会效益，以实现美化环境、提高居住质量、促进城市可持续发展等目的。

（四）运用原创性及美学创新设计

在园林绿化的设计中，参考其他园林方案是必要的，因为这可以提供许多新的想法和参考，让我们更好地了解设计的趋势。但是，我们不能简单地模仿他人的设计方案，而是需要具备创造性的思维，以寻找独特的设计技巧和美学创新，从而提供新意和试验，使园林设计更加漂亮、实用、创新。

设计师和技术人员应该不断的学习和研究，掌握设计的核心原理和技术方法，并运用创造性的思维，将自己的想法融入设计中去。例如，在花园绿化中，我们可以通过不同的植物、颜色和形状的搭配来打造出属于自己的独特花园，从而提供美学方面的新意和试验。

此外，创新性地使用建筑材料和装饰品是另一种美学创新的方法。例如，在园林设计中，可以尝试使用旧材料或结合当代材料创造属于自己的独特材料，如运用回收废旧物品设计创意花坛等。

四、绿化规划加绿化设计的案例——浦阳江生态廊道①

浙江省浦江县曾是“中国水晶之都”，80%以上的水晶制品产自这里，曾有2.2万家作坊、20万人从事水晶生产。但由此带来的污染导致水质极度恶化，25条“黑臭河”等环境问题严重。好在浙江省的“五水共治”工程启动，设计方通过生态水净化、雨洪生态管理与景观策略，将被污染的浦阳江转变成生态、生活廊道，实现综合效益最大化并提供宝贵实践经验。

（一）湿地净化系统构建及水生态修复策略

在本案例中，将17条支流汇入浦阳江的水系提升为地表Ⅲ类水。通过完善的湿地净化系统，对受污染的水体进行加强型人工湿地净化后再排入浦阳江。设计后，湿地公园占据生态廊道总面积的84%；各版块设置在对应支流与浦阳江的交汇处，使水体在湿地中停留的时间更长，从而得以更好地进行净化。此外，精心

① 芮圆圆．水晶产业污染状况的调查：以“水晶之都”浦江县为例［J］．商业故事，2015（1）．

设计的景观设施，充分发挥了生态基底点的作用，使生态廊道得以成功融入人们的日常生活。总之，通过水晶产业的转型和当地生态净化系统的构建，浦阳江的水质得以逐步提升，从劣Ⅴ类水到达地表Ⅲ类水，并逐渐趋于稳定。

（二）与洪水相适应的海绵弹性系统策略

本案例设计采用海绵城市理念，通过增加多个级别的滞留湿地来缓解洪水压力。经过计算，这些湿地增加了约 290 万立方米的蓄水量，按照可淹没 50 厘米的设计计算，其蓄洪量约为 150 万立方米。这减轻了河道及周边场地的洪涝压力，并且这些蓄存的水资源还可以在旱季时补充地下水，以及满足植被浇灌和景观环境用水的需求。同时，设计将原本硬化的河道堤岸进行了生态化改造，改造后的河堤长度超过 3400 米。在改造时，硬化的堤面被破碎并种植了深根性的乔木和地被，废弃的混凝土块则被就地做成抛石护坡，实现了材料的废物再利用。迎水面的平台和栈道则采用了耐水冲刷和抗腐蚀性的材料，包括彩色透水混凝土和部分石材。滨水栈道采用了架空式构造设计，既满足了两栖类生物的栖息和自由迁移的需求，同时又尽可能地减少了阻碍河道行洪功能的影响。

（三）低投入，低维护的景观最小干预策略

本案例设计最大限度地保留了浦阳江两岸茂密的枫杨林，采用了低投入、最小干预的景观策略。通过分析场地周围的用地情况和未来的使用流量，使用针灸式的景观介入手法，将人工景观融入自然景观中。设计了长度约 25 千米的自行车道系统，大部分利

用了原有的堤顶道路，以减少对植被的破坏。所有的步行栈道都是在现场定位完成，力求保留滩地上的每棵枫杨，并与之呼应形成一种灵动的景观游憩体验。

新设计的植被群落严格选取当地的乡土品种，乔木类包括枫杨、水杉、落羽杉、杨树、乌桕、湿地松、黄山栾树、无患子、榉树等。并选用部分当地果树包括：杨梅、柿子树、樱桃树、枇杷树、桃树、梨树和桑树等。地被主要选择生命力旺盛并有巩固河堤功效的草本植被，包括细叶芒、九节芒、芦苇、芦竹、狼尾草、蒲苇、麦冬、吉祥草、水葱、再力花、千屈菜、荷花，以及价格低廉、易维护的撒播野花组合。

（四）水利遗迹保护与再利用策略

场地内现存许多水利灌溉设施，包括 7 处堰坝和 8 组灌溉泵房，以及一组具有时代特色的引水灌溉渠和跨江渡槽。本设计采用小干预的策略，保留并改造这些水利设施，在原有传统功能的基础上，使其转变为宜人的游憩设施。通过对渡槽的安全性评估和结构优化，设计将其与步行桥梁结合起来，并通过对凿山而建的引水渠的改造，形成了一个连续的、别具一格的水利遗产体验廊道。该体验廊道长度约 1.3 千米，是最小干预设计的成功体现。设计采用轻巧的钢结构龙骨和宜人的防腐木铺装，在保留原有渠道的基础上，营造通透的视觉感受。安全栏杆和观景平台与场地上高耸的水杉林相协调。被保留的堰坝和泵房经过简单修饰，成为场地中视觉景观的焦点。新设计的栈道与其遥相呼应，形成了一个新的乡土景观。

通过运用保护与再利用的设计策略，本案例留住了乡愁记忆，也保留了场地上的时代烙印，让人们在休闲游憩的同时感受艺术与教育的价值意义。

第三节　绿化设施的选择及布置

随着城市化的不断发展，乡村地区也正在发生着巨大的变化。在这个过程中，公共空间的建设是非常重要的一部分。美丽乡村公共空间的设计不仅需要考虑到环境的美观，还需要兼顾功能、舒适度等各个方面的因素。而绿化设计是其中非常关键的一部分，也是公共空间建设的重要组成部分。正确的绿化设施的选择及布置，可以让公共空间变得更美观、更宜居。那么在美丽乡村公共空间建设中，绿化设计的绿化设施选择及布置应该怎么做呢？本书将从三个方面进行探讨。

一、绿化设施的选择

（一）绿化植物的选择

在美丽乡村公共空间建设中，选择合适的绿化植物是非常关键的。在选择绿化植物时，需要考虑以下因素。

（1）生态适应性：要选择生长环境适应性强的植物，以确保其能够适应当地的气候、土壤条件等环境因素。

（2）景观效果：要选用有色彩、形态和叶型鲜明、生长健康的植物，具有一定的艺术感和观赏价值，最好能够形成风景线。

（3）安全性：要避免采用多刺、有毒的植物，避免对使用者造成威胁。

（二）绿化设施的布置

在绿化设施的选择时，还需要考虑公共空间的布局和大小。不同的公共空间需要不同的绿化设施，具体的绿化设施包括以下内容。

（1）花坛：在绿化区域、行道和广场的空地上设置花坛，可以增强美观度，有时甚至可以作为座椅、桥梁等景点的点缀。

（2）草坪：在空旷的地方铺上草坪，可以起到美化环境、保护土壤的作用，也可以成为游玩和休息的地方。

（3）树木：适当选择一些树种种植在行道、广场、公园等公共空间，能够起到防风、抗辐射、净化空气和增加景观效果的作用。

（4）攀藤植物：大面积的墙面、垂直立面和栏杆等需要采用攀藤植物来进行装饰，可以起到绿化的效果。

二、绿化设施的布置

（一）根据公共空间形态进行绿化布置

在进行绿化布置时，需要根据公共空间的实际形态，结合植物的生长环境和风格特点，进行绿化布置。主要包括以下三个方面。

（1）公园：公园是用途较为广泛的公共空间。公园中的绿化布置主要以树木和草坪为主，添加些许特色花坛或者雕塑等景点，能够更好地让人感受到大自然的气息。

（2）行道：作为街区的街道走廊，其绿化设置应该以花坛、小树、灌木等植物构成，并基本上都是在人行道的两侧种植。

（3）广场：广场作为一个公共活动场所，应该保持活力与热闹。宜选择樱花、月季或蔷薇等开花美丽的灌木，可以在广场中布置花坛，营造出热烈的气氛。

（二）树的选择及布置

树木的种植是乡村公共空间中最常见的一种绿化设施，因为树木可以形成树荫，提供人们防暑、防晒、休息的场所。因此，进行树木的选择及布置也是非常重要的。

（1）树种选择：选择生长环境适应性强的树种，如榉树、槐树、槭树、银杏等，能够增加绿化效果，提高观赏价值，但需根据实际环境进行选择。

（2）树的布置：在行道、广场等空地上种植树木，在日光照射充分的地方进行种植，能更好地发挥树木的效益。

三、绿化设施的维护

美丽乡村公共空间建设中的绿化设计，不仅需要选择合适的绿化设施和布置方式，更需要注意对绿化的维护。

（一）控制绿植的长势

在绿植长势过盛的情况下，及时进行修剪，保持绿地的干净整洁，避免对周围空间的影响。

（二）垃圾清理

定期对绿化道路和花坛进行清洁，保持环境卫生，提升乡村公共空间的美观程度。

（三）覆盖草皮

在湿度过高或者土壤含水量过大的环境下，我们可以在花坛和绿地周边进行草皮覆盖，打造更加干净整洁的绿地。

综上所述，绿化设计是美丽乡村公共空间建设中非常重要的一部分，正确选择绿化设施和布置方式，结合良好的维护方式，能够更好地创造出适合生活的公共空间，最终打造更加宜居美丽的乡村环境。

第七章 美丽乡村公共空间与生态文明建设

第一节 生态文明建设的基本理念

随着城市化进程的不断加速和农村人口的持续外流，为了促进农村经济发展、改善农村居民的生活质量，以及保护和恢复乡村生态环境等多重因素的驱动下，美丽乡村公共空间建设成为近年来中国农村建设的一个热点领域。与此同时，生态文明建设也成为我国发展的重要方向之一，将生态文明观念融入美丽乡村公共空间建设中，既有利于促进农村社区的可持续发展，又能够实现自然资源的合理利用和生态环境的保护。

美丽乡村公共空间与生态文明建设是一种基于生态原则、注重人文关怀、追求可持续性发展的新型建设理念，其核心是围绕满足农村居民需求、尊重当地文化、充分利用物质和非物质资源、保护和提升生态环境等方面开展工作。其基本理念主要包括以下内容。

一、注重生态优先

美丽乡村公共空间建设对于中国现代化乡村建设的发展至关重要。随着采取了多措并举促进城市化的进程，农村人口不断地向城市迁移。同时，为了促进农村经济发展，改善农村居民生活质量和保护乡村生态环境等多方面，美丽乡村公共空间建设成为近年来中国农村建设的热点领域。在这个过程中，注重生态优先是非常重要的一点。

首先，美丽乡村公共空间建设必须将生态优先放在首位，注重对土地、水资源以及自然生态环境的保护和修复。农村作为自然生态系统的一个重要组成部分，其生态问题直接影响到整个人类社会的可持续发展。因此，重视生态环境的保护和修复是必要的。避免因追求高产、高效而破坏农村生态环境的行为，采取可持续的发展方式，提高土地利用率和资源利用效率，并通过科学的规划和设计，合理配置各类资源，实现生态与经济的协调发展。

其次，注重生态优先可以实现公共空间的高效利用和建设。农村空间广阔，但是有些地方资源匮乏。因此，在美丽乡村公共空间建设中，要充分考虑各种资源的分配问题，合理规划土地利用，提高资源利用效率，减少浪费和破坏。同时，选择出更适合发展的产业，根据当地资源的实际情况进行精准定位，以便打造特色乡村，促进乡村经济和社会发展。

最后，注重生态优先可以使美丽乡村公共空间建设更具可持续性。不仅能够保护和恢复乡村的生态环境，还能够改善农民的居住环境、提高生活质量和增加景观价值。通过注重生态优先，美丽乡村公共空间建设不仅可以满足当前需要，还能使未来得到更好的保障。

二、强调人文关怀

随着中国乡村现代化建设的日益加速，美丽乡村公共空间建设已成为发展农村经济、改善农民居住环境和提高生活质量的重要途径。在这个过程中，强调人文关怀是非常关键的一点。

首先，以人为本是美丽乡村公共空间建设的重要理念之一。注重农村居民的需求和感受，将其作为工作的核心，是打造具有亲和力和人情味的公共空间的前提条件。因此，在规划和设计阶段，必须从农村居民的角度出发，考虑到他们的实际需求和感受，更好地满足其需求。同时，在公共空间的建设过程中，还应充分利用当地的自然环境和历史文化底蕴，注重传承和弘扬当地的文化、习俗和传统。这样不仅可以凸显出乡村的独特魅力，也能够增强农民对公共空间的归属感和使用权益。

其次，强调人文关怀可以促进公共空间的良性互动和交流。在美丽乡村公共空间建设的过程中，应充分考虑社会、经济、文化和环境等多种因素的影响，协调各种利益关系，实现均衡发展。建立健全的公众参与机制，加强对农民的教育和培训，引导他们积极投身到公共空间建设中，营造出良性互动和交流的氛围，增强公共空间的社区感和凝聚力。

最后，强调人文关怀可以推进乡村社会文明进步。在美丽乡村公共空间建设中，既要注重物质文明的建设，也要高度重视精神文明的建设。通过打造具有人情味与亲和力的公共空间，创新公共服务体系，提供便捷和优质的公共服务，推进农村居民的文化素质、理念和道德水平的提升。这将有助于促进乡村社会的文明进步，构建和谐、稳定、文明的乡村社区。

三、整合物质资源

美丽乡村公共空间建设是中国现代化乡村建设的重要组成部分。这项工作需要充分利用物质和非物质资源，通过综合利用和有效管理，实现资源的最大化利用。同时，在基础设施建设、交通运输、文化资源和产业发展等方面要取得更好的成效。

首先，加强基础设施建设是美丽乡村公共空间建设的基础。基础设施建设是推动城乡融合发展的重要支撑，也是促进农村经济增长和提高居民生活质量的关键。应注重完善基础设施网络布局，提高基础设施的普及程度，建设便捷高效的交通运输、通信和能源系统，以满足公共生活和生产的需求。

其次，发挥当地特色产业和文化资源的优势，培育新型农村经济是美丽乡村公共空间建设中的另一个重点。乡村产业结构比较单一，对于保护和利用当地自然、人文、历史遗存等资源还存在不少问题。因此，在美丽乡村公共空间建设的过程中，应鼓励当地村庄发掘自身独特的文化资源和产业优势，提高其利用价值和经济效益。同时，培育新型农村经济，如生态旅游、休闲农业等新型业态，以加快乡村经济转型升级，创造更多的就业机会和财富。

最后，通过整合物质资源和非物质资源，可以充分挖掘出美丽乡村公共空间的潜力，建设出具有良好社区氛围和现代功能的公共空间。要以节约资源、环保、可持续发展为主旨，结合乡村产业和文化特点，通过综合利用和有效管理，实现资源的最大化利用。这样不仅可以改善农民的居住环境，还可以提高生活质量，推动农村经济和社会发展。

四、保护和提升生态环境

美丽乡村公共空间建设是一项长期工程，其成功与否直接关系到农民生产、生活和社会环境的质量。因此，保护和提升生态环境是美丽乡村公共空间建设不可或缺的重要任务之一。

首先，坚持保护优先、防控先行的原则是美丽乡村公共空间建设中生态环境保护的基本思路。要通过落实各种保护政策和法规，加强对土地资源、水资源、气候变化等方面的管理和监测，以确保生态环境的稳定和可持续性发展。同时，要鼓励和支持农民开展生态保护和自然资源利用方面的创新工作，加强生态保护的制度建设和科技创新，为美丽乡村公共空间建设提供可靠的生态支撑。

其次，利用自然和人文景观设计的手段，创造一个美丽、健康和宜居的生态环境是实践美丽乡村公共空间建设的必要手段之一。要注重自然和人文景观的保护和恢复，充分挖掘和利用当地自然、人文、历史遗存等资源，尊重自然规律和人文习俗，打造优美、和谐和协调一致的公共空间，提高农民对生态环境保护的认识和积极性。

最后，通过教育、宣传和培训等手段，提高公众的生态保护意识，推动全社会形成绿色、低碳和可持续的生活方式是企业乡村现代化建设中不可或缺的一个方面。要注重生态保护教育的普及，增强群众的自我保护能力、环保意识和责任感。此外，要鼓励农村居民采取节能减排、垃圾分类、土地资源合理利用等具体实践行动，推动社会形成绿色生活方式，形成人人关注生态、保护生态、共建美好生态的良好氛围。

五、追求可持续发展

美丽乡村公共空间建设需要追求可持续发展，这涉及如何在工作中注重经济、社会和环境的协调，避免为了眼前的利益而牺牲未来的生态和环境。

首先，要从长远的角度看待工作成果，注重经济、社会和环境的协调发展。必须优先满足农民的物质和文化生活需求，确保他们能够获得合理的收入和医疗、教育、文体等公共服务。同时还应该注重自然资源的可持续利用和保护，并加强生态环境保护。为了实现上述目标，我们需要从资源整合、开发与利用、文化传承、产业发展、人口流动、区域协调等多个方面全面考虑，并尽量减少对环境的不良影响。

其次，要加强对公共空间建设的规划、设计、管理和运营，建立健全的评价体系和监督机制，以确保工作的质量和效果。为了实现可持续发展，需要建立科学规划，依照乡村特点和需求，确定公共空间建设的具体方案和目标。在设计上，需要注重环境保护、安全性和功能性，并充分考虑人文因素与自然地形的关系，创造出更加符合当地乡村特色和需求的公共空间。在管理和运营上，要建立健全体制机制和管理体系，完善投资与利益分配等机制，促进联合治理与防范化解相关问题，提高公共空间的使用效率和维护成本，确保工作的质量和效果。

最后，为了追求可持续发展，我们还需要积极开展宣传教育和培训工作，加强农村社会组织体系建设，培养具有生态文明意识和创新精神的农民，以推动美丽乡村公共空间建设的深入实施。还可以通过多样性农业、城乡互动产业等手段，实现农民在现代化进程中稳定获益，从而达到经济、社会和环境协调发展的目的。

第二节　美丽乡村公共空间与生态文明建设的关系

美丽乡村公共空间建设和生态文明建设是密不可分的，两者之间相互依存、互为促进。本书将从以下三个方面介绍它们之间的关系。

一、美丽乡村公共空间建设与生态环境保护的协同发展

近年来，我国在推动城乡经济社会发展中，着力推进美丽乡村建设，以提升农民收入、改善生活条件、加大公共服务供给等多方面为目标。同时，为了保护生态环境、促进可持续发展，我国也举措不断，努力推行生态文明建设。美丽乡村建设与生态环境保护之间存在内在联系。

首先，在美丽乡村建设中要注重生态保护，创造绿色、低碳、可持续的生态环境。美丽乡村不仅需要注重自然资源的保护与利

用，更需要注意生态系统的整体稳定性和生物多样性的保护，尽量减少对自然生态环境的破坏。可以通过强化环保意识、加强生态教育和科技创新、完善相关政策法规等手段来推动农村社区的可持续发展，为农民提供更美好的生产和生活环境。

其次，美丽乡村建设中也应该注重文化与生态相融合。农村不仅是经济、文化、社会活动的场所，同时也是保存、传承和表达生态、历史、文化遗产的重要载体。在推进农村现代化和生态保护方面，需要倡导传统文化和绿色生活方式，并将之融入农村建设的各个方面。比如，在设计和打造农村公共空间时，可以充分利用当地的自然、人文、历史遗存等资源，尊重自然规律和人文习俗，打造优美、和谐和协调一致的生态文明风貌，让农民有机会更深入地了解和感受自然和人文的魅力。

二、农业生产与生态环境之间的互联互通

农业生产作为美丽乡村建设的核心，直接关系到生态环境的保护和可持续性发展。因此，农业生产与生态环境之间应该建立互联互通的关系。

首先，在农业生产中要注意生态系统保护，创造健康、绿色的农业生态环境。保护生态环境是发展农业生产的重要保障，必须从资源整合、开发与利用、文化传承、产业发展、人口流动、区域协调等多个方面进行全面考虑，加强对生态系统整体性和稳定性的关注，维护生态系统过程和功能的完整、表征和内涵，有效打击破坏生态环境的行为。

其次，在农业生产中，还需要注重生态效益和经济效益相统

一。在农业种植当中，应该推广更为环保的种植方案，提高农产品质量和附加值，开发生态旅游、绿色农业和生态农业等新兴产业，为农民提供更加可持续和多元化的收入来源。同时，也要通过加强科技创新、推广环保技术和设施、完善制度体系等措施，让农业生产与生态环境之间协同发展。

三、美丽乡村建设与生态文明建设相互促进

美丽乡村建设和生态文明建设之间相互促进，共同促进了我国农村的发展与进步。可以从以下三个方面来说明。

首先，在美丽乡村建设中，生态文明建设为其提供了良好的基础。推进生态文明建设，注重生态环境保护，为农村地区提供了健康、安全的生活条件，使美丽乡村建设的质量和效果得以提高。

其次，美丽乡村建设的不断推进，也为生态文明建设提供了有力支撑。随着美丽乡村建设的不断推进，农村社会经济形态发生了巨大变化，因此需要推进生态文明建设，以保护和改善自然环境，维护人类和自然的和谐与平衡。

最后，生态文明建设为农村地区的可持续发展提供了新思路和实践路径。推进生态文明建设，需要注重人与自然和谐共处、创新绿色发展方式、构建生态文明体系等多方面，在这些方面的实践都可以为乡村振兴注入新动力。

第八章　美丽乡村公共空间与文化传承

第一节　乡村文化的内涵和表现形式

随着城市化和现代化的发展，乡村文化也在不断发生着变化。乡村文化不仅是传承历史、文化和风土人情的一种方式，也是推动乡村发展的重要因素之一。本节将从乡村文化的内涵和表现形式出发，探讨乡村文化的发展和特点。

一、乡村文化的内涵

乡村文化是一个虚拟的概念，它包括了各种各样的自然、社会和文化因素，这些因素构成了乡村地区的文化生态系统。乡村文化的内涵主要包括以下三个方面。

（一）乡土文化

乡土文化是乡村社会长期发展过程中所形成的物质和精神文

化，它包括土地、家族、宗教、信仰、传说、歌谣、民间艺术等广泛的内容。乡土文化是乡村文化最重要的组成部分，体现了当地人民的文化认同和精神寄托。

在乡土文化中，土地是最基础的元素，它承载着人们的生活和发展。家族代表着一种特殊的亲情关系，是人们社会生活的重要组成部分。宗教与信仰是乡村社会中广泛存在的文化现象，在人们的生活中扮演着非常重要的角色。传说则是乡土文化中一种具有生命力的传承方式，它能够通过口耳相传的方式，让乡村文化得以延续。

乡土文化中的歌谣与民间艺术则是赋予了乡村生活更为丰富的文化元素。通过传唱、演出等方式，人们能够表达出自己的情感，传承自己的文化。这些歌谣与民间艺术，是乡土文化中最具有代表性的艺术形式之一。

乡土文化代表着一种传统的价值观和生活方式，它在现代社会中依然具有非常重要的意义。作为一种维系着社会纽带的文化形式，乡土文化的传承与发扬，不仅能够保护传统文化财富，同时也能够帮助人们更好地认识自己，树立自信，拥有更加真实、丰富的人生体验。

（二）农耕文化

农耕文化是指与农耕生产相关的物质和精神文化，它包括许多与农业耕作有关的习俗、活动以及与农业生产相关的物品和技能。这些习俗和活动包括造田、植树、修渠等，是农村社会中的传统文化，被视为乡村文化的重要组成部分。

传统的农具、农作物和畜牧业则是农耕文化中的物品，它们象征着中国农耕文化强大的传承和延续性。这些物品和技能被认为是中国古老、深刻的农业文化的一部分，能够帮助人们更好地理解中国传统文化和生活方式。

作为中国文化中不可或缺的一部分，农耕文化是农村社会的灵魂，它通过世世代代的耕作和生产，广泛传递了农民们的智慧和技能，强调了关爱自然、珍惜资源、注重劳动、丰富文化等价值观，在我国文化中具有举足轻重的地位。

农耕文化不仅为中国农村社会带来了富足和丰收，同时也跨越了时间和空间的距离，成为具有重要历史意义和文化内涵的宝贵遗产。保护和传承农耕文化不仅是弘扬民族文化的责任，更是体现中国文化自信、打造中华文化优势的重要举措。

（三）传统民俗文化

传统民俗文化是指代代相传、独特的习俗和礼仪，这些文化传统在乡村中得以保留和发扬。它们包括了丰富多彩的节庆、民间舞蹈、民间音乐、民间美术等方面的内容，体现出了乡村社会丰富的文化内涵和生活方式。

作为乡村文化中最具魅力和幸福感的一部分，传统民俗文化在乡村社会中拥有着重要的地位。这些习俗和礼仪既富有节日气氛，又能够让人民走进传统文化之中，传承古老的历史和记忆，更能够让人们在日常生活中感受到文化的温暖和力量。

传统民俗文化是乡村社会的历史记忆和宝贵资源，它们通过代代相传，将弘扬民俗文化视为重要的使命。这些文化让人们有机会从传统中感受到文化的底蕴，了解乡村生产和社会组织的历史演变过程，是传播中华文化、保护人类文化多样性的重要途径。

作为乡村文化的一部分，传统民俗文化对于当代社会仍然具有巨大的意义。它不仅提升了生活质量和幸福指数，更折射出了我国民众日益增长的文化自信和文化认同。因此，保护传统民俗文化，并将其传承下去，是进一步建设美丽乡村，推动文化发展的重大举措。

二、乡村文化的表现形式

乡村文化的表现形式主要包括人文景观、文化活动、建筑风格、民间艺术等方面。

（一）人文景观

人文景观是指自然环境、农业活动、文化特色以及人们生活方式等因素共同作用下形成的具有美感的景观。作为乡村文化的重要表现形式之一，人文景观展现了当地人民的珍贵历史和文化遗产，并且通过艺术性的呈现，繁荣了当地经济和旅游业。其中，宗教建筑群、古民居、古城堡、古镇、古村落等都是人文景观的重要组成部分。

首先，宗教建筑群是人文景观中精美、神秘和意义深远的部分。这些建筑群包括了寺庙、庙宇等。这些宗教建筑群经历了地方居民多代人的传承和改装，是乡村文化生活的重要场所之一。在宗教建筑群周围，常常有丰富多彩的民俗文化活动，在这里，人们可以体验传统的文化，参与到快乐的庆典中。

其次，古民居体现了当地人民的智慧和创造力，在保护和旅游的推动下，它们也成了乡村文化中重要的人文景观。古民居通常是木质结构，风格各异，保留了乡村最初的建筑特征和民俗文化。每一座古民居都透露出它别样的价值，可以让人们了解到当地人的传统生活方式、建筑特色和文化传承。

古城堡则是乡村中较为罕见的人文景观之一，它们是一些地区的历史遗产。作为防御和交通要道，古城堡保留了那个时代的建筑风格和功能，也反映了那个时代的文化背景和政治面貌。

古镇和古村落则是乡村最为常见的人文景观之一，这些历史悠久的乡村小镇和村落保留了当地的文化和生活方式。这些乡村景观既包括了古老的建筑、传统的文化，也涵盖了很多当地人的生产活动，比如，古镇里的特产、艺术品等，都具有独特的文化和经济指数，吸引了大量的游客前来参观。

总而言之，人文景观由自然环境、农业活动、文化特色以及人们的生活方式等因素共同作用下形成的。它是乡村文化中很重要的一部分，展现了当地人民的珍贵历史和文化遗产，为人们传递了珍贵的文化信息和历史记忆，也丰富了人们的精神生活，同时也提升了当地经济和旅游业的发展。

（二）文化活动

文化活动是乡村文化生活中的重要组成部分，通过各种各样的活动形式，在当地居民中得到广泛的认可和参与。这些文化活动以巡游、观光、文艺表演、乡村体育、村民文艺等多种形式呈现，凝聚着乡村社会最具有活力和创造力的部分，也促进了乡村文化的传承和发展。

乡村文化中的一种重要形式——巡游，是一种把文化与旅游相结合的活动。它以当地的特色文化和风情为基础，让游客欣赏到当地独特的建筑、风俗和传统艺术表演。这些巡游活动也有助于推进当地的旅游经济，提高当地人的文化认知和自豪感。

观光活动则是另一种重要的文化活动，其主要目的是让人们欣赏自然风景，并对当地的文化特色有更深入的了解。这些观光活动往往包括了漫步在自然风景区、体验当地的文化活动、品尝当地美食、住宿在传统的农家客栈等，这些活动也为游客提供了一个有趣、深刻的文化体验。

文艺表演也是乡村文化中非常重要的一个方面。大型音乐会、舞蹈演出、歌唱比赛等，都是很受欢迎的文艺表演活动。这些表演活动不但达到了娱乐观众的目的，也为千千万万的乡村艺术家提供了一些展示自己才华的机会，并促进了当地居民的精神文化生活的丰富。

乡村体育是另一个非常受欢迎的文化活动，每年都有大量的个人和团队参加。足球、篮球和排球等运动，使当地居民可以参与到健康活动中来，提高身体素质的同时也增强了团队精神。

村民文艺活动是一种古老的乡村文化，通过表演传统的乐器、歌曲、舞蹈、戏剧等，展示了传统的文化特色和乡村艺术的多样性。这些文艺表演不仅通过活跃的文化活动，传承了乡村文化，而且对于个人和团体来说，也是展现自己才华、提升艺术修养的场所。

总而言之，文化活动在乡村文化中扮演着非常重要的角色。这些活动的主要目的在于提高当地的旅游经济、传承乡村文化、增强社会凝聚力以及提升当地居民的精神文化生活。为了保护乡村文化和淳朴乡村的生活方式，我们应该更注重文化活动的发展，保留和发扬传统文化的精髓，推动乡村文化的传承和发展。

（三）建筑风格

建筑风格作为乡村文化的表现形式，是中国传统文化的重要组成部分。对于乡村而言，建筑风格体现了乡村的生活风格、地域特色、民族文化和历史传承，具有丰富的文化内涵。

在乡村建筑中，大型宗教建筑群是一种典型的建筑风格。这些宗教建筑群，如寺庙、道观等，在乡村中起到了重要的社会和文化作用。它们所呈现的建筑风格，将民间宗教与建筑完美结合，形成了独特的宗教风格。相信这些宗教建筑群也为这些乡村地区的居民带来了信仰和崇拜之情。

古民居是另一种典型的乡村建筑风格，它们以古朴、粗犷的风格为主，是乡土文化的象征。它们既反映了乡村居民的生产和生活，也呈现了地域文化的独特风格。不同地区的古民居风格和建筑特色各有不同，展现了当地人民的智慧与文化特色。例如，福建土楼采用独特的环形结构，保证了居民的安全性和通风性，而云南的民居则更加注重形式与装饰性。

在乡村的广场上，通常会有宽敞的广场建筑，这些建筑常常会成为乡村文化的重要载体。广场建筑一般以简洁、实用、美观为特点，这些建筑所呈现的建筑风格代表了传统乡村文化的精髓。在广场建筑的示范引领下，传统工艺、文艺表演等乡村文化活动也在这些广场上得到了深入的展示。

总而言之，乡村建筑风格代表了地方民俗文化的发展和历史传承。从古代到现在，乡村建筑风格一直在演变和创新，改变旧有的造型，同时保留了传统的文化内涵。这些建筑风格不仅展示了乡村文化的地方特色，并且凸显了民族文化的多样性。同时，这些乡村建筑风格也为现代城市建筑的新生提供了灵感，成为中国传统文化的重要组成部分，为乡村文化的繁荣和发展作出了积极贡献。

（四）民间艺术

民间艺术不仅是中国传统文化的重要组成部分，也是乡村文化中最为精华的部分。它们是乡村文化的象征，代表了中国的历史和民族文化。民间艺术丰富多彩，总体来说涵盖了歌谣、民间乐器、杂技、民间手工艺等方面。

歌谣是一种典型的民间艺术形式，它们是乡村文化的重要组成部分。歌谣通常是由乡村中的普通百姓口头传唱的，歌词通常涵盖了家庭、生活、传统节日和神话传说等方面。它们通常充满了当地的地域特色，并反映了当地居民的思想和生活。在某种程度上，歌谣成为乡村文化的一个重要载体，把不同地区的文化和传统传承下去。

民间乐器也是民间艺术的重要组成部分。这些乐器常用于庆祝传统节日或在婚礼等场合使用。不同地区的民间乐器有不同的特色，例如，琵琶是江浙地区的代表性乐器，唢呐在北方地区广泛使用。在过去，这些乐器也常用于乡里剧、评书等艺术形式中，成为乡村文化的一部分。

杂技是乡村文化中广泛流传的另一种艺术形式。它常用于庆祝传统节日和宗教活动。杂技包括各种表演技巧，例如，投壶、踩高跷、吐火等，非常具有观赏性。在传统农历新年期间，表演杂技成为一种受人欢迎的娱乐形式，这也成为保留传统文化的一种方式。

民间手工艺也是民间艺术的一个重要组成部分。传统民间手工艺具有丰富的地域特色和个性化的艺术风格，包括刺绣、木雕、陶瓷和编织等形式。这些手工艺品常常表现出当地人民的智慧和勤劳，展示了丰富的民族艺术魅力和村庄文化的独特性。这些手工艺品也通过现代的传递方式被传承下来，成为一种宝贵的文化遗产。

总之，民间艺术作为乡村文化中最为精华的部分，通过多种形式展现出乡村文化的多样性和传统文化特色。这些形式的艺术品储藏有非常丰富的文化内涵，富有观赏性和艺术性。通过这些艺术形式，可以深入了解中国传统文化的独特魅力，体验乡村文化的魅力，也为其他文化的交流发展注入了新的力量。

三、乡村文化的特点

（一）本土性强

乡村文化是一种热爱生活的文化，它凝聚了乡村地区的历史和风俗习惯，在不同地域的乡村中呈现出了丰富的品种和特色。这种文化是地域性的，具有本土性强的特点。

乡村文化的产生和发展与地方的地理、生态、气候、民族文化传统等密切相关。例如，江南水乡的文化，福建、广东的海滨文化，西南山区的藏羌文化等，每个地区的地理环境和气候都形成了独特的自然景观和自然生态。这些自然特点也影响到当地农民的生活方式、人与土地的关系、衣食住行等各个方面。这种关系延伸到了艺术的表现形式，乡村文化中的歌谣、乐器、舞蹈、手工艺品等，都极具民族特色和地方特色。

乡村文化的本土性强，也决定了它和城市文化之间的差异。城市文化的发展以经济杠杆为核心，对于一些装饰性的文化用品会非常追捧。而乡村文化则着重于文化精神的继承、激发和传承，并力求体验深度性和自然性，因此也使乡村文化具备一种扎根本土的美学魅力。乡村文化中流传的歌谣和民谣自然流露出土地和农民的味道，特别是一些古老的民间故事和传说，让乡村文化充满传奇色彩。

随着现代化的进程加快，乡村文化也在不断的演变，一些传统的手工技艺等正在逐渐淡出人们的视野，同时新兴的文化形式和内容也在不断涌现。但无论如何，本土性强的乡村文化是历史、文化、社会的结晶，是一代又一代农民创造的民间文化瑰宝，它们保护和传承着乡村文化的独特魅力。因此，保护和传承乡村文化，将本土文化发扬光大，才是保障本土文化永续发展的重要措施。

（二）可遇性强

乡村文化是一种难以复制的文化，它凭借着特有的环境、地理和人文背景，成为乡村地区的精神财富。它的可遇性强，是因为只有当你亲身步入乡村，才能真正感受到它的独特魅力。

乡村文化的可遇性强，是因为时代进步导致人们大量涌向城市生活，因此，更多的人未曾接触过乡村中的文化。乡村地区人口稀少、匮乏的市场、有限的交际网络和不发达的基础设施，都让乡村文化在城市中不易受到重视，也不易传播。但同时，也正是这些的缺乏造就了乡村文化的独特价值。

乡村文化的特点是与自然、人文和社会三个方面的因素紧密相关的。自然环境中的地理气候、生态景观，人文历史上的民族文化、乡土传说、乡村习俗等，都为乡村文化提供了丰富的素材和独特的创意，同时也让它在可遇性上较之城市文化更有实质性和内涵性。例如，一些具有幸福感的节日，如农历年、中秋节等，自然环境、动物习俗、人际关系等，都构成了特有的乡村文化习惯，富有浓厚的本土性，也成为人们了解、感受乡村文化的重要来源之一。

乡村文化的可遇性强，也是因为它鼓励人们亲自体验和参与。与城市快节奏、高压力的生活方式不同，乡村的生活节奏较缓慢，空气清新、景色优美、土地肥沃，让人们逐渐放松了自己，享受了生活，同时也更深刻地体验到乡村文化的本质。例如，在一些农家乐园区，农耕、果蔬采摘、农家乐、民谣歌舞等娱乐活动，更加鼓励人们去亲自参与和体验。这些活动让人们能够真正地感受到乡村文化的传承和创新，也更好地获得了健康与快乐。

总之，乡村文化的可遇性强，是多种因素结合起来的结果，包括地理环境、民俗习惯、人文背景和社会经济等。正是因为这种可遇性强，才让乡村文化成为一种珍贵的精神资源，也成为每个人了解和感受中国乡村的一个重要途径。

（三）古朴性强

乡村文化是人与自然、人与土地、人与社会紧密相连的文化，其传承历史悠久、风格独特，而其古朴性更是让人们赞叹不已。与城市文化所倡导的潮流不同，乡村文化更注重自然与真实，强调传统与创新。这也为农村文化提供了一个自由创作和创新的空间，让人们更加自由地探索和实践各种文化创意。

乡村文化的古朴性强，是因为它以人与自然和人与土地的紧密联系为基础，注重传统的生态文化和风俗习惯。在日常生活的方方面面，乡村的历史建筑、古老村镇、农耕生产、食材制作等，都彰显出乡村文化的传统美学。例如，在一些老村落，往往可以看到明清式的文化石碑、古老石桥、民居老房子等古朴的建筑，这一切都在无声中诉说着乡村文化的传承和历史积淀。

同时，古朴的乡土风情也吸引着更多的文化爱好者前来探访和探索。例如，在一些传统文化节日，人们会穿上古老的服饰、表演当地习俗、吟唱传统民谣，更能传承乡村文化的美好传统。这种古朴的文化形式，不失为一种动人心魄、感人至深的乡村文化体验。

古朴的乡村文化，也鼓励人们在实践中进行文化创新。农村不仅拥有丰富的自然资源和文化遗产，而且更创造出丰富多样的产业、产品和服务。例如，在一些农村文化景点和小镇，可以看到各种文化创意的实践，如乡村民宿、乡村电商、特色农产品等，这不仅推动了乡村文化的创新与发展，并且为农村经济的发展和乡村振兴带来了新的希望。

综上所述，乡村文化的古朴性强，不仅依靠着乡村地区独特的生态环境和人文背景，更在历史的沉淀与传承中不断变化和创新，是一种自然真实的文化。这种古朴的乡村文化不仅让人们感受到农耕文明的深厚底蕴，同时也向人们散发出一股别致和充满活力的文化创新的气息。

（四）历史文化叠加性强

乡村文化是由众多文化要素在历史长河中逐渐融合、交织而成的，这些要素受到地理环境和特殊条件的影响，形成了深厚的历史文化层次，这也成为乡村文化区别于城市文化的主要特征。乡村文化的历史文化叠加性，正是以此为载体，反映出深厚的历史文化底蕴并指引着未来文化的方向。

乡村文化的内部装饰丰富多彩，由于历史发展的不同阶段、追求的文化理念和种种文化传承所影响，呈现出不同的建筑、园林、民俗、传统祭祀等多元文化事物，细节之处处处有惊喜。例如，位于南方山地的云南傣族乡村，民居与家居装饰色彩鲜艳、布局各异，精良的工艺和独具特色的材料制作，使傣族建筑古朴而充满吸引力。这样细致的文化表现则形成一种浓厚的历史文化叠加气息。

古建筑是乡村文化形成的重要组成部分，是古老文化叠加的重要体现。乡村中的古建筑多为明清古建筑，大多数都保留了原始的风貌和建筑格局，更重要的是，在历史漫长的悠久岁月里，古建筑上更多地叠加了乡村文化各个时期的印迹。例如，湘西大屯古村落里的银饰店铺，经历了历代文化叠加而成。店门口的四根老柱子，其上的雕刻已经模糊淡去，然而却显出更加厚重的文化底蕴和更深刻的历史积淀。

此外，乡村文化的民间艺术也折射出历史文化的叠加。传统的乡村民间艺术，如民间戏曲、民歌、杂技、手工艺等，都包含深厚的历史文化积淀。例如，山东临淄彩塑是中国传统的一种石雕工艺品，有数千年历史，这种古老的民间工艺和艺术品正经历着一种完美的叠加，不断创造并涵盖更广泛的文化意义。

综上所述，乡村文化是一种具有浓厚历史文化叠加性的文化形态，内涵广泛、深层次，并体现出深厚的文化底蕴和内在的广度和深度。乡村文化的历史文化叠加特点，不仅体现了各时期文化理念和文化传承的多样性，更重要的是为未来文化的发展指引了更加专业化和多元化的发展方向。

第二节 美丽乡村公共空间中的文化元素

随着城市化的推进，乡村也面临着各种问题，如人口剧减、农村萎靡不振、资源短缺等。其中，缺乏美丽乡村公共空间成为一个显著的难点。而在这个背景下，注重文化的加入，不仅能增加乡村的吸引力，进一步振兴农村，还能充分展示乡村的历史文化和民俗风情。本节将介绍美丽乡村公共空间中常见的文化元素。

一、建筑文化

建筑文化在乡村历史文化中扮演了非常重要的角色，它是乡村的窗口，是展示传统文化和现代元素融合的重要方式。古村落成为近年来旅游业的热点，它们以其独特的传统风貌和历史文化吸引着越来越多的游客，也成为乡村振兴的重要基础之一。随着旅游业的逐渐发展，人们也更加关注到乡村的建筑文化，传统建筑与现代元素的融合也变得越来越普遍。

“古今交融，传统与现代融为一体”是中式“现代建筑”中一种重要的思想。尤其在江南地区，人们非常注重传统建筑的保护和传承，同时也在现代建筑中融入了传统建筑的元素。例如，许多村庄的门店仍使用传统的长条木板设计，但是现代化的照明、街灯设施和彩色路标也增加了村庄的现代感。这种融合不仅展示了传统建筑的美感，也让现代人们更加了解和感受传统文化。

随着现代旅游产业的崛起，废墟的重建、艺术学校等设施的创办也为传统建筑和现代元素融合提供了更多的机会。比如，一些废墟被重建成了酒店和旅馆，它们将传统建筑元素和现代设计理念完美结合，让游客既看到了传统文化，也享受到了现代化的旅游体验。同时，艺术学校也成为一种重要的现代化建筑，它们既可以漂亮地融合在传统建筑的环境中，也为当地青年提供了更好的艺术学习和交流的平台。

在乡村建筑文化中，传统建筑与现代元素的融合必须要注重平衡，才能更好地展现传统文化的魅力。传统建筑包含着古老的历史和文化的遗产，而现代元素则是人类对生活的追求和对未来的期待。传统建筑和现代元素的融合让乡村具有了更多元化的文化魅力，也让人们更好地了解和发扬传统文化。

总之，建筑文化是传承和展现乡村历史文化的重要方式，传统建筑与现代元素的融合也成为一种重要的思想和实践。保护和传承传统建筑，将现代元素融入传统建筑中，让乡村文化更加丰富多彩，也带动了乡村旅游业的发展，以及推动了乡村振兴。

二、民俗文化

民俗文化是乡村文化的重要组成部分，在乡村公共空间中体现的形式往往是节庆活动、宗教和仪式等。这些活动和仪式不仅是展示传统文化和历史的重要方式，也是乡村人民平日生活中释放压力、放松心情、美好生活的象征。其中，传统节庆活动是最具代表性的民俗文化形式。在春节期间，许多地方会挂上红灯笼和太阳等吉祥物，这既凸显年味浓厚的时令景象，也体现了传统文化和现代美学观念的融合；而中秋节期间，各地区的篝火晚会、月饼制作和龙舟的竞渡打破了凡俗，为节日增添了欢乐，让人们在身心上都感到愉悦。

在民俗文化的传承过程中，传说、神话等故事也是不可分割的部分。它们通常是当地历史和文化的表现形式，也是教育和启蒙的文化载体。例如，在中国闽南乡村的故事中，妖怪与祖先之间的故事是非常典型的部分。这些故事寓意深刻、具有启发性，人们通过这些故事不仅可以了解当地传说文化背后的含义，也能够深刻把握人类历史文化对于我们的意义和启示。

在当代乡村文化中，民俗文化的传承和发展变得尤为重要。乡村民宿的发展如火如荼，成为展示传统文化的理想场所。许多农村民宿都会在客房的墙壁上挂着二十四节气的寓意图案，让所有访客都能够更好地了解华人传统文化的美丽和深度。民俗文化也成为乡村旅游业发展的一个重要方向，以此为牵引的乡村旅游可以促进当地的经济发展、人文交流和文化传承。同时，在乡村振兴的进程中，民俗文化也扮演着一个非常重要的角色，在人民生活中起到减压、增添乐趣的作用。

总之，民俗文化是乡村文化的重要组成部分，它不仅是传承和展现传统文化和历史的重要方式，更是当代乡村文化发展的一个重要方向。随着乡村旅游的兴起和乡村振兴战略的全面推进，民俗文化也将成为连接乡村和城市、连接历史与未来的桥梁。

三、文艺表演

文艺表演在乡村文化中扮演了非常重要的角色。各种文艺表演不仅可以反映出乡村文化的魅力和底蕴，还能够吸引更多的游客到乡村旅游，在推动城乡一体化和农业振兴等方面发挥积极作用。

在乡村庙会等活动中，各种文艺表演是最具吸引力的内容之一。传统的舞蹈、针线活、古乐器演奏等节目，不仅让游客更好地了解乡村的文化和历史，还能够让他们深入感受到乡村的生活气息和浓郁的民俗文化。而且，随着文化产业的发展，越来越多的乡村庙会也开始提供更加具有特色的文艺表演，如小品、相声、歌舞以及乡村歌手的演唱等，许多演出都带有地方特色和民俗风情，为游客提供了更加丰富、优质、有特色的旅游体验。

在世界各地的乡村公共空间中，文艺表演的形式和内容也各不相同。例如，在意大利里昂，乡村公共空间不仅包含传统的庙会和集市，还会有各种有趣的文艺表演和互动活动。在那里，村民不仅会举行传统的舞蹈和音乐表演，还会装扮成斗牛士、魔术师、小丑等角色，为游客提供一次全新的休闲体验和文化旅游。

文艺表演在乡村经济发展中也起到了关键作用。随着城乡一体化和文化创新产业的推进，越来越多的文艺表演开始涌现出来，成为增强乡村经济活力和文化吸引力的重要手段。例如，乡村歌唱比赛、乡村艺术节、乡村电影展等，都是非常受欢迎的文艺活动，吸引了大量的游客和投资者，为乡村带来了新的经济机遇和活力。

总之，文艺表演是乡村公共空间中不可或缺的一部分，它对于展示和传承乡村文化、推动乡村经济发展、促进城乡一体化发展等方面都有着重要的意义和作用。通过创新和扩大文艺表演的形式和内容，我们可以更好地利用乡村文化的优势和特色，引领乡村的发展，推动城乡融合和共同繁荣。

四、地域文化

乡村的地域文化是美丽乡村建设中一项非常重要的资源。在中国，不同地区的乡村文化各具特色，拥有丰富的历史和传统文化，是推广文化旅游的重要内容。各地方政府通过加强文化保护和开发，推出各类文化旅游项目和产品，吸引了大量的游客，也促进了乡村经济的发展。

拥有悠久的历史和独特的地域文化的婺源县是中国最具特色的乡村之一。婺源的文化遗产和风景名胜遍布全县，建筑艺术、传统节日和民间文化等各个方面都均具有独特的魅力。婺源乡村通过打造文化旅游项目和产品，将这些独特的地域文化展现给游客。在婺源的文化旅游项目中，最有代表性的是古建筑和工艺。婺源拥有几百年历史的木构古建筑，被誉为“中国楼堂第一村”，吸引了众多的游客前来观赏和学习。此外，婺源还有传统工艺、民俗表演等文化旅游项目，通过这些项目，游客们可以深入体验和了解婺源乡村独特的地域文化，开启一次非常深刻、丰富和难忘的旅行。

除了婺源，中国各地还有很多其他的乡村具有独特的地域文化资源。比如，黄山市的宏村就是一个具有非常浓郁的汉族文化和建筑特色的独特乡村，拥有“庙会节日、颜色文化、神秘离奇”的特色，堪称中国“文化村”之一。各地方政府通过推动文化保护和开发，结合地域文化特点，利用传统节庆、民俗、文化衍生品和文化体验产品等方式，将独特的地域文化资源转化成各类文化旅游产品，吸引了大量的游客来到这些乡村，提升了乡村旅游的知名度和吸引力，促进了乡村经济的发展。

在中国美丽乡村的建设中，地域文化是一个不可或缺的因素。只有通过保护和挖掘这些独特的地域文化资源，将乡村历史、文化、地理、生态等多方面因素充分结合起来，才能够让乡村具有更高的文化品质，吸引更多的游客前来游览、旅行和投资，成为具有更高附加值的经济增长点。同时，一个具有文化特色的乡村不仅能够吸引游客，也能够为当地居民带来美好的生活感受和身心健康，是乡村建设的重点发展方向之一。

总之，美丽乡村公共空间中的文化元素是非常重要而且必不可少的部分。其中的建筑、民俗、文艺表演和地理文化等，打造出了一个独一无二的乡村空间。在未来的发展过程中，应该更好地弘扬和发掘乡村文化，同步完善城乡发展，从而实现经济、文化、社会价值的繁荣发展。

第三节　美丽乡村公共空间与文化传承的策略

随着城市化进程的不断推进，城市人口的不断增长，城市问题也逐渐凸显出来，如交通拥挤、环境污染等。这时，美丽乡村建设就显得尤为重要。在这个过程中，公共空间的建设和文化传承成为关键策略。

一、美丽乡村公共空间

公共空间是指为所有人所共用或公开的物质空间，具体包括街道、广场、公园、社区、学校、道路等。它是城市空间与城市文化的载体，也是城市形象和城市品位的主要标志之一。

在美丽乡村建设中，公共空间的建设至关重要，它不仅是美化乡村环境的根本，还是促进乡村社区共建共享的平台。公共空间建设要考虑到周边的自然环境、文化因素、生态系统和人的心理需求，以及合理利用天然和人造的资源，保持整个乡村集体形象的一致性和完美性。

（一）打造宜人的自然环境

美丽乡村公共空间建设是当前城市化进程中的重要任务之一。为了打造宜人的自然环境，需要进行投资、改善环境绿化，包括种植花草树木、植被覆盖和河湖水系的恢复。同时，还需要修建涵洞和绿道等，使其与周边环境无缝连接，构建出一个宜人、清凉、舒适的自然环境。

首先，绿化是美丽乡村公共空间建设的关键，可以有效提升环境质量和城市品质。在绿化方面，可以种植花草树木等植被，建设草坪，增加氧气含量，便于人们进行户外休闲活动。同时，在公共设施、路侧等区域的绿化中，也应注意植被的选择和布局，力求美轮美奂，营造出自然、恬静的环境。

其次，河湖水系的恢复也是美丽乡村公共空间建设的重要方向。河湖水系是自然环境的重要组成部分，承担着维持水源、涵养水土等功能。为了让河湖水系发挥出更大的作用，需要对其进行恢复和保持。例如，在河岸、湖畔等区域，可以进行水生植物的种植和河岸护石等措施，营造出宜人的自然环境。

最后，修建涵洞和绿道等也是美丽乡村公共空间建设的重要任务之一。涵洞和绿道的建设有助于改善道路交通状况，降低噪声污染，并为居民提供一个闲适、宜人的户外休闲空间。绿道的植被种植应该注重景观效果，以树林、花坛等形式呈现，营造出恬静清幽、富有生机的自然环境。

综上所述，为了打造宜人的自然环境，美丽乡村公共空间建设需要进行绿化、河湖水系的恢复和改善道路交通状况等方面的投资和改善工作。只有如此，才能为居民提供一个更加宜人、舒适的自然环境，促进城市化进程的发展。

（二）创造美丽的人文空间

美丽乡村建设的公共空间设计要重视人文因素，以吸引游客和居民参与其中。公共空间的设计需要综合考虑文化、历史背景和休闲需求等多方面因素，打造出兼具自然和人文美感的空间。而公园和广场作为公共空间的代表性建筑，更要注重人文因素，通过美术雕塑、灯光、音乐、花卉等景观的配合，增加公共空间的文艺气息和美感。

首先，在公园和广场的设计上，应该考虑到人们的文化和历史背景。公共空间可以体现当地的传统文化元素，如景观、山水画、民间故事等。例如，在公园或者广场中使用小品雕塑、装饰墙面和柱子等，可以以传统文化和民间艺术为主题，表现当地的文化和历史。这类景观可以让游客感受到当地传统文化的特色，同时也有利于当地文化的保护和传承。

其次，公共空间的景观需求也应该得到重视。如地形变化、植物布局和小品雕塑，都可以用于创建更丰富的景观。颜色、质地和光效等元素的使用可以呈现出多样化的美感，增加公共空间的视觉效果。灯光的使用也可以营造更具氛围的环境，美化空间。公共空间的文艺气息和美感在一定程度上吸引了人们的目光，增加了空间的人气。

最后，公共空间的场地应当满足人们的休闲需求。在广场、公园等公共场所内，可以利用文艺设施，如阅读角、音乐台和游戏区等。这些设施可以提供娱乐和文化交流的场所，方便居民和游客的休息和学习。为了让人们更好地利用这些设施，还可以组织各种阅读会、音乐会、艺术展等文化活动，丰富人们的生活，增加公共空间的人气。

综上所述，美丽乡村的公共空间设计必须注重人文因素，打造兼具自然和人文美感的空间。公园和广场的设计中，应该注重传统文化元素和细节的刻画。景观要满足多样化的需要，并利用灯光、音乐等设施增加氛围。公共场所中的文艺设施要满足人们休闲和娱乐的需求，组织各种文化活动丰富人们的生活，增加公共空间的人气。

（三）实现功能的互补和整合

公共空间作为乡村社区的集体空间，其设计和规划需要考虑到各种功能的互补和整合。园林、休闲、文化、经济、商业等各种功能空间需合理分布和布局，以满足不同人群的需求，同时也使乡村的整体空间更具有完美性和协调性。

首先，公共空间的园林功能是重要的，需要增加自然元素，如花草树木等。这是为了让人们在其中漫步，感受到大自然的美景，成为休闲、放松和散步的好地方。同时，园林功能也可以引导人们走向其他功能空间，如商业区、文化区等，增加公共空间的使用率。

其次，休闲功能空间也需要充分考虑，如公园、广场、运动场、健身器材等。这些功能区提供丰富的休闲活动，满足人们的体育、娱乐和社交需求。在使用时，可以通过园林功能的引导，将游客和居民部署到这些空间，体验舒适而放松的环境。

除此之外，公共空间的文化功能也需要互补。公共空间中可以建立美术馆、文化艺术演出、图书馆等文化设施，展示当地文化特色，同时提供学习和交流的场所。这些文化设施也可以和商业空间整合，促进当地的文化产业发展。

除了以上功能，经济和商业功能也应该整合进来。可以在公共空间中开设街头商店、农贸市场等。这些商业空间不仅可以为居民提供方便，还可以为当地的经济发展作出贡献。

最后，公共空间的规划和设计要注意各功能的布局和组合，形成有机的整合。设计时要求有条不紊地安排各个功能区域，以满足不同人群的需求。良好的规划和设计可以增加公共空间的使用率和吸引力，让乡村更具有活力和魅力。

综上所述，公共空间的设计和规划必须考虑到各种功能的互补和整合。园林、休闲、文化、经济、商业等空间要合理分布和布局，使他们在乡村整体空间中形成有机的整合。这种设计和规划可以引导游客和居民到达不同的功能空间，满足他们的各种需求，同时也增加了公共空间的使用率和吸引力。

二、美丽乡村文化传承策略

乡村地域和文化的独特性，孕育着乡村特色文化，它可以为乡村带来独特的品位和吸引力。乡村文化传承工作，不仅可以保护历史、传统文化和乡土风情，还能激发农民的文化自豪感、增强乡亲们的凝聚力，为美丽乡村的全面发展提供坚实的文化基础。下面我们从美丽乡村文化传承的策略入手进行分析。

（一）以文化为引领，加强文化旅游开发

美丽乡村建设是当前乡村发展的重要方向，而文化旅游作为乡村旅游开发的重要方式，可以充分挖掘和开发乡村的丰富文化资源。乡村中，历史文化建筑、传统技艺、美食、乡土民俗等都是潜在的文化旅游资源，可以通过与特色旅游结合或特色活动形式介入市场，转化成具有旅游价值的文化宝库，同时也使文化得到保护和传承。

首先，历史文化建筑是乡村中最具有文化价值的景观之一。在美丽乡村建设中，这些文化遗产必须得到充分保护、修复和利用。如将寺庙、古民居、古桥等进行有效改造和修缮，使之成为重要的旅游景点，吸引更多的旅游者前来观光。

其次，传统技艺也是乡村文化旅游的主要内容之一。传统手工艺品如土布、绣品、剪纸等，都具有浓郁的地方特色和文化内涵。通过开展手工艺品工作坊，让游客亲身体验、参与传统文化的制作过程，不仅能够增加游客的互动体验，还可以传递当地的

文化艺术特色。

最后，乡村美食和乡土民俗也是文化旅游的重要组成部分。当地具有特色的美食、节日、民俗活动等，都可以结合文化特色，组织相关的旅游活动，增加乡村旅游的吸引力。同时，这也可以为当地的农民增加收入，推动乡村经济的发展。

在开发文化旅游资源时，需要注重保护和传承当地的文化遗产。通过开展乡村文化主题活动、文化遗产展览等形式，向游客展示当地的文化特色，同时引导游客爱护乡土文化，参与乡村建设，共同促进乡村文化的发展和繁荣。

综上所述，以文化为引领，加强文化旅游开发是推进美丽乡村建设的有力途径。在开发文化旅游资源时，应该充分挖掘和利用乡村的历史文化建筑、传统技艺、美食、乡土民俗等潜在的文化旅游资源，并有效地结合特色旅游形式，将这些文化资源转化成具有商业价值的文化宝库，同时也推动当地文化艺术的保护和传承。

（二）营造良好的文化氛围

文化是乡村发展的灵魂，营造良好的文化氛围不仅可以让乡村更具吸引力，还可以增强居民和游客的文化自信心。在美丽乡村建设中，我们需要注重保护乡村中的文化遗产，传承好非物质文化遗产的同时，也需要在乡村中营造良好的文化氛围。

首先，要在乡村的街道、广场等公共空间中设置特色文化展板。将乡村中富有文化内涵和特色的历史文化遗产、乡土文化、传统技艺等在展板上进行展示，为游客和居民提供方便的文化体验和了解途径，从而增强他们的文化自信。这些文化展板需采用具有当地特色且能够呈现丰富的乡村文化气息的材料和方式，如木质装饰或深浅不同的墙面绘画等。通过展示的内容，可以让居民了解乡村的历史文化、文化名人、当地风俗习惯等，也可以让游客更好地了解乡村的文化底蕴。

其次，乡村文艺活动也是营造文化氛围的重要方式之一。在美丽乡村建设中，可以开展一系列乡村文化活动，如乡村音乐会、文艺比赛、民俗展演等。这些活动既可以丰富居民的业余文化生活，也可以吸引更多游客前来参与，提升乡村文化的知名度。此外，组织文艺志愿者在公共场所表演，不仅能营造文化氛围，也可以将一些文化新鲜元素带入乡村中。

最后，建立文化交流平台，促进乡村和城市间的文化交流。可以通过举办文化交流展览活动，让城市青年和乡村居民相互之间了解对方的文化和生活方式。这不仅可以增强城市青年的乡村情感，也可以推动乡村文化的发展和繁荣。

综上所述，营造良好的文化氛围对于推动美丽乡村建设、增强文化自信以及促进文化传承和发展都具有重要的意义，需要加强文化宣传和组织开展丰富多样的文化活动，同时建立文化交流平台，让乡村和城市之间进行文化交流互动，促进互相的发展和进步。

（三）激发群众参与热情

乡村文化遗产和传统技艺是乡村文化的重要组成部分，但这些宝贵的文化资源正渐渐消逝在乡村生活中。为了更好地推进乡村文化的传承和发展，必须激发群众的参与热情，让农民亲身体验、感受和传承乡村文化，从而实现文化的传承和发扬。

首先，必须增加农民参与文化传承和发展的机会和切入点。可以通过开展丰富多样的文化活动，如文化节、展览、文艺晚会、手工制作等，让农民参与其中，了解并感受丰富的文化内涵，增强对乡村文化保护和传承的认识。此外，在文化遗产的保护和传承中，也可以给予农民更多的参与和决策权，并提高农民对文化遗产保护的意识和责任感，让他们成为文化的传承者和推动者。

其次，要构建丰富多彩的乡村文化体验和传承活动，吸引农民积极参与。通过在乡村中举办传统文化展演、民俗活动、文化旅游等活动，让农民亲身参与，感受和传承乡村文化，提升他们对乡村文化传承的关注和重视。此外，还可以扶持和培养农民的传统手工制作技能，让他们能够通过传统手工艺制作出具有特色的乡村产品，实现文化与产业的融合发展。

最后，要加强宣传和教育，让农民深刻认识乡村文化的重要性和保护意义，激发农民参与文化传承和发展的热情。可以通过丰富的宣传方式，如电视、报刊、广播等媒体，向农民介绍乡村文化，特别是传统文化的内涵和意义，以及其在现代社会中的价值和发展前景，鼓励和引导农民积极参与文化传承和发展。

总之，以丰富多彩的乡村文化体验和传承活动吸引农民群众积极参与文化传承活动，鼓励农民将文化发扬光大。保护和传承乡村文化是一项长期持久的工作，需要全社会的关注和支持。只有通过持续的努力，才能够让乡村文化焕发出新的生机和活力，为美丽乡村的发展注入新的动力。

（四）引入多元化文化元素

随着社会现代化的不断发展，人们的生活方式和价值观念也不断变化，这也意味着美丽乡村建设需要适应和引入多元化的文化元素，才能够更好地满足人们的需求，实现乡村发展与城市紧密相连的目标。

首先，传统文化是乡村文化中非常重要的一部分。传统文化对保持和传承乡村生态环境、地域文化和历史文化的传统价值有着特别重要的意义，传承乡土文化与历史文化的传统，能够不断地为乡村地区带来新的活力。开展文化体验、文化论坛、文化节庆等活动，让民众能够了解古老的文化内涵，并能够更好地传承和发扬，这将会让小镇变得更加多彩。

其次，现代文化也是乡村文化中不可或缺的一部分。随着社会的发展，新的文化元素涌现，影视、音乐、科技等现代文化也逐渐在乡村中得到推广、普及，并成为乡村文化新的补充。针对不同年龄层、社会群体的兴趣，让各种类型的文化元素在乡村中普及开来，不仅会提升民众的文化素养，也有助于激发乡村新的发展动力。

此外，在美丽乡村建设中，还可以引入国外文化元素，促进乡村文化与世界其他地区文化的交流，让民众接触不同的文化氛围，发展多元化的文化共同体。比如，增设外语教育、各类国际文化展览等，可以让民众对不同文化信仰和纪念日等事件有所了解。这种多元化的文化宣传活动，不仅会有所启发，同时也会加深乡村与世界的互动联系，让乡村文化在交流中得到更好的发展和提升。

总之，引入多元化文化元素，可以让乡村文化建设做到面向未来、多彩多样、活力十足，让新传统和老文化的交融成为美丽乡村的新场景。同时，这也是美丽乡村建设不断推进、乡村振兴全面发展的必要条件。

第九章　美丽乡村公共空间的管理和维护

第一节　管理与维护的基本概念和原则

管理与维护是指对一个事物进行有效的组织、运作和维护，以保证其正常运转和发展。无论是企业、组织还是个人，都需要对自身进行管理与维护，不断提高自身素质和管理能力，以适应日新月异的社会发展。本节将从管理与维护的基本概念和原则两个方面进行阐述。

一、管理与维护的基本概念

管理与维护是指对一个事物进行有效的组织、运作和维护，以保证其正常运转和发展。在现代社会，无论是企业、组织还是个人，都需要对自身进行管理与维护，不断提高自身素质和管理能力，以适应日新月异的社会发展。

管理的本质是对资源进行合理的调配和控制，包括人力、物力、财力、技术等，以实现既定目标。管理的主要任务包括规划、组织、领导、控制、协调和评估。规划是指根据既定目标，制定计划和策略，明确工作目标、任务和进程。组织是指构建合理的组织结构和职责分工体系，确保各项工作协调有序，减少浪费和重复工作。领导是指激发员工能动性和创造性，发挥他们的主观能动性，促进团队合作，推动工作顺利完成。控制是指对工作过程进行监督，发现问题及时进行调整和纠正，以确保工作进行顺畅，达成预期目标。协调是指不同部门、不同区域之间的配合和协调，协同工作，共同达成目标。评估是指对工作过程和结果进行评价和总结，提出改进措施，促进企业或组织的不断进步和发展。

维护是指对事物进行保养、修复和维修等活动，以保证其正常运转和延长其使用寿命。维护需要根据不同的情况制定不同的方案，具体维护范围很广，可以包括建筑物、机器设备、电气设备、交通工具、环境等。维护的目的是保持物品处于良好的状态，减少损耗和浪费，并延长其使用寿命。维护需要及时发现问题并对其进行处理，保证事物的正常运转和维持其价值。

二、管理与维护的基本原则

（一）客观性原则

客观性原则是管理与维护过程中必须遵守的基本原则之一。它要求在管理与维护活动中所使用的标准、数据、方法等必须基于事实和现实情况，以确保有客观的依据，从而减少主观因素对决策的影响。

在实际的管理与维护工作中，如果没有客观性原则的指导，就可能会出现错判、误解、偏见等问题，导致决策不公正、不准确，最终影响企业的运营和发展。因此，恪守客观性原则不仅是保障决策的正确性和公正性的基础，更是体现一种负责任和专业的态度。

同时，客观性原则还要求管理与维护决策必须考虑长远的利益和发展。在现代经济环境下，企业的竞争和发展需要长期的规划和布局。因此，在进行管理与维护决策时，不能只注重眼前的利益，还必须思考未来的发展趋势和可能带来的风险，从而作出符合企业长远战略发展的决策。

（二）组织性原则

组织性原则是管理与维护体系中必须遵守的基本原则之一。它要求在管理与维护工作中建立合理的组织结构和职责分工体系，以确保工作协调有序、流程分明，减少浪费和重复工作。

在实际的管理与维护工作中，如果没有一个明确的组织架构和职责分工，就会出现工作交叉、沟通不畅、决策迟缓等问题。这会导致企业内部资源的浪费和效率的降低，影响到企业的运营和发展。因此，建立一个既符合实际情况，又能够有效协调各项工作的组织架构和职责分工是至关重要的。

此外，组织性原则还要求在管理与维护体系中要有充分的信息流动和协作。只有在过程中有良好的信息交流和沟通，才能够保证各部门之间的工作无缝衔接，减少重复工作和资源消耗。这样，企业内部的管理和维护工作才能够高效的进行。

总之，组织性原则是管理与维护过程中必须遵守的基本原则。它要求建立合理的组织架构和职责分工体系，以确保工作协调有序、流程分明，减少浪费和重复工作。另外，还要求具备良好的信息流动和协作以帮助企业内部各部分有效衔接。遵守这一原则可以促进企业整体协作与效率的提高，从而为企业带来更好的发展前景。

（三）科学性原则

科学性原则是管理与维护体系中必须遵守的基本原则之一。它要求在管理与维护的过程中，充分地应用现代科学技术和先进的管理方法，进行科学规划、科学决策、科学实施，提高工作效率和管理水平。

在现代社会，科学技术日新月异，企业要想保持竞争力和持续发展，就必须不断地更新自己的管理模式和应用新的科学技术。科学性原则应用于管理与维护体系中，就是要遵循现代科学技术，充分利用大数据、云计算、人工智能等先进技术，来提高各项工作的效率和质量。

此外，科学性原则还要求在管理与维护过程中要进行科学决策和科学实施。使用数据分析和预测技术，对企业内部的情况进行分析，制定科学的战略和计划，以有效地回应市场需求。然后根据具体计划部署，采用先进的工具和技术，科学实施，确保工作和任务能够有序进行。

总之，科学性原则是管理与维护过程中必须遵守的基本原则。它要求企业在管理和维护方面充分地应用现代科学技术和先进的管理方法，进行科学规划、科学决策、科学实施，提高工作效率和管理水平。按照这一原则进行管理与维护，使企业可以顺应时代发展的趋势，加强信息技术的应用，从而提高管理与维护的质量和效率，为企业的长远发展奠定坚实的基础。

（四）系统性原则

系统性原则是管理与维护体系中必须遵守的基本原则之一。它要求在管理与维护过程中应符合系统思维的基本原则，即从整体性的角度去考虑问题，综合考虑系统的质量、效率、安全、成本等因素，避免片面追求，强化系统协同效应。

系统性原则可分为两个方面。其一是管理与维护应该从整体性思考问题。这就需要对整个系统进行全面、系统性的考虑，从构建和使用管理与维护系统的角度来考虑管理与维护体系的建设和维护。从而可以更好地把握主要问题和优化整体性能，同时减少管理与维护过程中的纰漏和失误。其二是基于整体性思考，要求综合考虑系统的质量、效率、安全、成本等多个方面。这就要求在管理过程中，在各个方向上都要进行综合的考虑，从而达到整体性因素的协同，达到管理效果的最大化。例如，当质量因素占据优先地位时，完全遵循质量的要求必会增加成本和安全风险，因此需要在质量、成本和安全之间找到平衡点，从而达到长期稳定和可持续发展。

在企业的管理与维护中遵循系统性原则，从整体性角度上看问题，从多个方面综合考虑系统的质量、效率、安全、成本等因素，强化系统协同效应，并且在执行过程中坚持执行，才能更好地掌控企业的各个环节，从而获得成果的最大化。因此，企业需要一直贯彻这一原则到各个方面，提高整个企业的管理与维护水平，迈向可持续发展。

（五）稳定性原则

稳定性原则是在管理与维护工作中需要遵循的重要原则之一。它要求在进行管理与维护工作时，应保持稳定的态度和步伐，稳步推进工作，避免频繁的变动和急躁行动。同时，在制定管理决策时，要考虑组织和员工的需求，适度带动和调整，同时坚定信念，信守承诺，营造稳定的工作环境和氛围。

保持稳定的态度和步伐是一项很重要的任务，因为频繁的变动和急躁行动会导致员工的不安和不满，对企业的管理与维护带来负面影响。因此，在进行管理和维护工作时，稳步推进工作是非常关键的，可以帮助控制变动的范围和程度，从而更好地促进工作的进展。

在制定管理决策时，要考虑组织和员工的需求，适度带动和调整，同时坚定信念，信守承诺，营造稳定的工作环境和氛围。这需要领导具有稳定的领导风格和良好的人际交往能力，以及能够理解员工的需求和情感的能力。同时，领导也要在工作中适度地引导和激励员工，调整员工的态度和动力，帮助他们在一个稳定、有序、适宜的环境中工作。

（六）优化性原则

优化性原则是企业管理与维护工作需要遵守的重要原则之一。在管理与维护的过程中，企业需要不断地进行优化，以满足现有需求，同时积极调整、与时俱进，引入新的理念和技术，朝着更高效、更安全、更环保的目标前进。

在企业管理与维护的过程中，优化性原则是至关重要的，因为随着时间的推移，新的需求不断出现，市场也在不断的变化，因此企业需要不断地对内部的管理与维护进行调整和优化，才能够适应市场的变化，确保企业的长期发展。

在进行优化时，企业要注重引进新理念和技术，以应对市场的变化，提升工作效率，提高工作质量，并且注重环境保护和安全生产。同时，企业要着力优化管理流程，加强沟通协调，提升协同效率，提升执行力和管理水平，推动企业整体管理水平不断提高。

三、管理与维护的实施步骤

（一）目标设定

在企业管理与维护的过程中，目标设定是非常重要的一步。它有助于明确管理与维护的目标和范围，制定可实现、具体、明确且可测量衡量的目标与任务。这一过程有助于企业更好地规划资源、提高工作效率、优化成本结构、改进质量水平、增强市场竞争力、推动企业持续发展。

目标设定是企业管理与维护的基础，通过设定明确的目标与任务，可以为企业提供一个明确的方向和目标，让企业所有的工作都能够朝着这个目标前进。目标与任务要实现具体、明确、可测量和可操作性的设置，才能够更有效地激励员工、发挥各种资源和技能，从而实现企业目标。

在目标设定的过程中，企业需要考虑其核心竞争力、市场定位、人力、财务、技术、环境等因素。同时，还需要深入了解市场变化和客户需求，制定符合行业趋势的目标和任务。通过对目标和任务的不断调整和优化，企业能够实现更高效、更具有竞争力的管理与维护工作。

（二）规划策略

在企业管理与维护的过程中，规划策略是非常重要的一环节。它是指根据企业的目标和市场环境，制定出符合实际情况的方案，对资源进行科学的调配和分配，实现目标的最优化，推动企业的健康发展。规划策略的成功实施，有助于增加企业在市场中的优势和竞争力，提升企业在行业中的地位和声誉。

规划策略主要包括以下四个步骤。第一步，企业必须研究和分析市场，并根据市场的发展趋势与企业自身情况，制定出可行性方案；第二步，企业需要进行资源的调配和分配，以便实现既定目标；第三步，企业需要对实施方案进行全面监测，以确保实施的过程中不出现偏差或者错误；第四步，企业需要对实施情况进行评估和反馈，以便不断地完善和改进方案。

在规划策略过程中，资源的分配和调配扮演着至关重要的角色。企业必须在资源的有效使用和节约之间进行取舍，避免资源的浪费和不必要的消耗。这就需要企业能够高效、灵活地运用各种资源，以便实现最优化的目标。此外，企业还需要不断地跟进市场的变化，及时进行调整和改进，以保证规划方案的全面实施和最终目标的实现。

（三）组织实施

组织实施是企业管理与维护中不可或缺的一个环节，它主要涉及组织机构的分配和安排、明确工作职责及资源配置等内容。通过组织实施，企业可以充分调动和利用各项资源，为企业的发展提供有力的保障。

在进行组织实施时，要明确企业所需的组织机构。根据企业的实际情况和管理需求，成立符合需求的组织机构，使各个部门的职能和任务明确。在确定了组织机构之后，需要为各个部门分配任务和职责，确保职责之间不重不漏。同时，还需要为各个部门配备充分的人力、物力、财力等各项资源，以满足工作的需要。

在实施过程中，要注重对各项工作的细节把握。比如，对于人力资源的组织实施，除了要选拔合适的高素质员工，还需要进行充分的员工培训和绩效评估，以提高员工的工作能力和工作效率。在对物力资源的组织实施中，要保证物资供应顺畅，采用节约、环保等理念，提高资源利用效率。在财务资源方面，要合理规划财务预算和使用，促进各项经济指标的合理增长。

（四）实行监督

实行监督是管理和维护的重要组成部分。它需要建立一个完善的监督和检查体系，对企业的实施过程进行监测和评估，以确保企业各项活动和决策的合法性、规范性和可行性。

实行监督需要建立一个专业的监督体系来监测企业各项工作的实施情况。监督体系需要进行分类，可以根据工作流程或具体业务领域建立多个监管部门。监管部门要设定规范标准并制定操作流程，以保证各项工作的顺利进行。同时，为了避免监管部门的不公正行为，还要建立一个监督与问责制度，对监管部门与相关工作人员进行制度、法律和行政的监督。

对实施过程进行监测和评估，是检查体系的另一个重要部分。企业可以制定一些量化指标，来指导企业工作的实施和评估。例如，对于某个项目，有关部门在开展项目时要落实时间、成本、质量等关键指标。在项目实施过程中，检查和监督人员可以根据这些指标来全面监控项目进展情况，防止出现各种问题。在项目完成时，可以依据这些指标进行评估，以确定项目成效是否达到预期。

（五）改进完善

为了更有效地管理和维护企业的运作，需要不断收集反馈意见和建议，并积极进行改进完善。对于这一点，可以采用一系列方法来确保每个人都能够参与其中。公司可以利用内部评估，调查员工的满意度，并根据反馈信息和建议进行改进。此外，企业还可以与客户或合作伙伴进行会面，了解客户需求和反馈，同时听取他们的建议。

除此之外，企业和管理人员也应持续保持学习的态度，不断适应变化并勇于创新。不断学习和更新知识和技能，以适应不断发展变化的社会和市场环境，这是企业和管理者不可或缺的品质。针对企业内部的各个层面，可以设置不同的培训计划，提供定期的培训和工作坊，拓宽员工的知识面，提高技能水平。

为提高工作效率，创新就显得尤为重要了。在新的事物出现时，作出改进和创新，可以帮助企业提高竞争力，增加创造价值的能力。企业可以在会议和工作小组中鼓励员工分享和讨论新想法，以获得更大的创新动力。此外，企业可以利用技术手段，提供给员工使用，以提高工作效率和准确性。

放眼未来，管理和维护的变革不会停止。通过收集反馈意见和建议，不断完善管理体系和维护工作，以及保持学习、不断适应和创新，可以让企业和管理者保持领先的竞争力，并不断取得进步。

第二节　美丽乡村公共空间的管理模式

随着城市化的加速，农村地区经历了翻天覆地的变化，出现了许多新兴事物，如村庄改造、美丽乡村建设等。其中美丽乡村建设是一个相对新的概念，可以带来多种好处，如提高居民的生活质量、改善乡村环境、推动地方经济发展等。而公共空间则作为美丽乡村建设的核心部分之一，其管理模式也应该得到足够的重视和研究。

一、美丽乡村公共空间管理模式的构成

美丽乡村公共空间的管理模式包括：成立专门的乡镇美丽乡村建设管理中心，改进制定公共空间规划设计，加大财政投入力度，强化乡村社区自治意识，发挥政府和社会各方面的作用。

（一）成立专门的乡镇美丽乡村建设管理中心

为了加强和规范美丽乡村建设工作，需要成立一个专门的乡镇美丽乡村建设管理中心。该管理中心由乡党委书记或乡长担任主任，副乡长、村委书记等担任成员，可设立各种经办机构，如

工程部、规划部和投资管理部等。其主要职责是协调各方面资源，推进乡村美丽建设，提高农村居民的生活质量。

该管理中心的首要工作是负责乡村美丽建设的规划编制。要遵循可持续发展的原则，同时考虑当地的自然、历史、文化和经济条件。中心还需要依据政府相关政策，对项目进行申报、立项和实施计划制定等。此外，宣传也是管理中心的责任之一，要向农民宣传美丽乡村建设的政策和方案，及时反馈并解决群众的疑虑和问题。

管理中心还需要进行财务管理，主要包括预算编制、资金整合、合理支出和账目核算等。同时要协调相关部门，统一行动，确保工作中各个环节的紧密衔接。例如，规划部门应根据不同地区的实际情况，制定出更加实用和具有建设性的计划，工程部门则要确保工程项目按时完工，达到美丽乡村建设的效果。当然，投资管理部也应做好项目的资金保障工作，确保项目开展有足够的资金来源。

（二）改进制定公共空间规划设计

公共空间规划设计是美丽乡村建设的基础之一，因此需要不断改进，以更好地实现生态保护和经济发展之间的平衡。因此，需要采取以下措施以提高规划设计的质量和效益。

首先，要充分考虑当地的自然环境、社会经济以及历史文化因素，因为这些因素会对规划设计产生影响。比如，可以考虑建设公园、广场、休闲区等，同时还要注意防汛、水利、农村环境卫生等方面。在规划过程中，可以邀请多个专业领域的专家组成团队，从不同的角度出发，充分商讨、研究，以达到更好的规划效果。

其次，要对规划设计的质量和效益进行考评，对合格的规划、设计和实施进行表彰和奖励。这样可以激励相关部门和市民群众争取更好的规划和设计效果，促进社会各方共同营造美丽宜居的生活环境，充分发挥公共空间的功能和价值。

最后，要大力推进公共空间规划设计的科学化、专业化和规范化，制定相应的规划、设计、实施标准和技术标准。同时还可适当引入先进的技术设施和先进的管理方法，如数字技术、信息管理系统等，以更快、更准确、更科学地实施规划设计，让美丽乡村建设更加科学、规范、高效、创新。

（三）加大财政投入力度

美丽乡村建设是推进乡村振兴的重要战略。财政和土地政策方面的投入具有极大的促进作用。在财政方面，政府可以通过加大投资力度来支持美丽乡村的建设。通过财政资助和吸引社会资本，可以为美丽乡村建设提供重要的资金来源，为乡村发展注入新的动力。此外，政府还可以支持乡村公共设施的建设，如道路、桥梁、自来水、排污等设施的建设，以提升农民的生活质量和提高农业生产效率。

在土地政策方面，政府可以通过购买乡村公共设施的土地以及开展土地收购等措施，维护乡村土地的完整性和秩序。这些措施可以保护乡村环境，防止土地的过度利用和恶性竞争，避免非法占用土地的问题。此外，政府还可以支持农村土地流转，将散地整合成规模化耕地，提高农业生产效益。

（四）强化乡村社区自治意识

提升乡村社区的自治意识是乡村振兴的重要一环。为此，需要加强社区文化建设，让乡村居民能够自豪地分享和传承他们自己的传统文化。同时，可以采取宣传发动的方法，通过社交媒体、村务公开、专题讲座等途径，让乡村社群关心和参与美丽乡村建设。

加强乡村治理和管理能力也是提升自治意识的关键。可以通过制定村规民约、建立自治组织和决策机制等措施，让乡村居民参与管理和决策过程，并督促相关部门按照规定执行工作。这样可以更好地解决乡村发展和管理过程中的问题，提高乡村发展的效率和质量。

促进乡村综合改革，推进乡村民俗文化保护与传承也很重要。可以通过提供相关资金支持、加强人才培养等手段，促进传统民俗文化的保护和发展，并将其融入乡村建设中。同时，还要加强和完善乡村公共设施的管理，地方政府应建立相关制度和规章，加大管理力度，保证设施的使用效率和质量。

（五）发挥政府和社会各方面的作用

美丽乡村建设需要政府和社会各方面的积极参与和支持。在政府方面，其职能部门可以制定相关政策法规，引导财政资金投入，加强对乡村公共设施的规划和管理。政府还应该明确领导责任，成立专门的工作小组，并落实到位，以确保美丽乡村建设的顺利推进。

在教育部门方面，应该加强乡村文化建设，鼓励农民通过学习、教育来提高自身素质和技能水平，提高对生态文化、传承文明的认知水平。

媒体也是推动整个乡村美丽景观的建设措施的重要力量。媒体可以充分发挥自身优势，拍摄报道乡村美丽风光，让更多人了解和关注乡村的美丽与发展。

此外，学者、专家等群体也应积极参与乡村美丽景观的建造中来，通过深入调研、制定整体规划、设计方案等方式来指导乡村美丽景观的建造，提供专业支持和服务，使乡村的美丽与发展达到更高的水平。

二、美丽乡村公共空间的优势和价值

（一）提升居民的生活质量

公共空间的建设和管理对于提升农民居住环境、优化文化环境和生态环境，改善乡村生活质量有着至关重要的作用。首先，在公共空间方面，政府可以着力提升乡村公共基础设施的建设水平，如修建道路、桥梁、供水系统、污水处理设施等。这些设施的完善不仅能够便利农民出行和生产，还可以提高农民生活的品质和幸福感。

其次，公共空间的建设还可以促进乡村文化发展。政府应该支持农村文化事业的发展，加强文化宣传和教育，提高农民的文化素质和审美水平，使乡村生活更具品位和内涵。

同时，公共空间的建设也可以保护和改善乡村生态环境。政府可以投资开展生态建设和保护工程，如水土保持、植树造林、垃圾处理等，以提高农村的生态环境品质和可持续发展水平。在农业生产中，也应该推广科学种植和养殖技术，并加强环境监管，保障农产品的质量和安全。

（二）改善乡村环境

乡村公共设施的建设和管理是改善乡村环境和物质条件的重要手段。首先，政府可以加大对乡村公共设施的投资，如修建道路、桥梁、供水、排污等基础设施，提升农民的生活品质和幸福感。同时，政府还应该制定科学规划和管理方案，加强对公共设施的维护和保养，确保设施的可持续使用和运营。

其次，乡村公共设施的建设和管理可以使乡村从竞争性城市模式转变为自然性乡村模式。在乡村环境建设方面，政府应该优化乡村规划和设计，以保护、开发和利用当地自然资源为出发点，注重传统乡村文化的挖掘和保护。这样不仅能够让乡村具有独特的文化魅力，也能够吸引更多人来乡村旅游和观光，推动乡村经济的发展。

最后，乡村公共设施的建设和管理还可以促进健康、清新空气和自然美景等方面的改善。政府应该加强对环境保护的监管，防止污染和破坏自然景观。同时，政府还可以鼓励农民发展生态农业、循环经济等产业，推进乡村清洁能源的开发和利用，降低乡村污染和碳排放。

（三）推动地方经济发展

美丽乡村建设的推进可以推动当地经济发展，创造新的企业和就业机会，增加居民收入和社会财富。其中，发展旅游业、农村民宿经济和农旅融合等是非常重要的手段。

首先，通过发展旅游业，可以将美丽乡村的自然风光和文化特色进行有效的宣传和推广，吸引更多的游客来到当地旅游观光，增加旅游业收入和就业机会。政府应该加强对旅游景点、公共设施和环境卫生等方面的管理和维护，提高旅游品质和服务水平。

其次，在农村民宿经济方面，政府可以鼓励农民开办民宿，将闲置的房屋改造成具有特色的住宿场所，为游客提供更加舒适和独特的入住体验。这些农村民宿可以与当地的生态、文化、美食等进行结合，构建起“特色＋旅游”模式，以实现旅游业和农村经济的良性互动。

最后，在农旅融合方面，政府可以推动旅游和农业等领域的深度融合，实现旅游业与农村经济的良性互动。例如，可以将旅游业与小农户产业结合起来，发展乡村特色产品和品牌，打造“田园综合体”，创新供应链模式，促进产销对接，提高农民的收入水平。

第三节　管理与维护人员的职责

在各种机构、组织和企业中，管理与维护人员是非常关键的职位。尽管具体任务会有所不同，但是某些职责是普遍适用的。在本书中，将会对管理与维护人员的职责进行详细的探讨。

（1）组织和协调日常工作，确保团队高效地完成任务。

（2）管理和监督团队成员，确保他们遵守公司政策和法律法规。

（3）确保安全管理措施得以执行，所有操作符合安全要求，并且不会对环境造成不可逆转的影响。

（4）协调与客户、合作伙伴和其他组织的交流，并确保所有沟通方式符合严格的行业标准。

（5）回应投诉、要求和问题以及申请等，确保及时解决客户的问题并达到客户满意度的要求。

（6）保持团队成员的职业道德，确保他们对工作和客户的态度正确并遵循相关的职业操守。

（7）制定或更新团队的指南、策略、标准和程序，确保所有工作符合公司的标准和规范。

（8）准备和提交有关工作的报告，并向上级报告有关工作的事项。

（9）管理与维护所涉及的文件和资料，通过组织和分类来确保文件、资料的准确性、可靠性和保密性。

（10）提供培训、指导和支持，激励团队成员的发展，发扬个人和团队的优点，弥补不足。

第十章　美丽乡村公共空间营造的经济效益研究

第一节　美丽乡村公共空间的经济效益

美丽乡村公共空间是近年来国家大力倡导的产业发展方向之一。依托于乡村风貌及其环境资源，通过提升公共设施和服务水平、加强农村旅游开发、种植园艺等手段来打造具有乡土特色的公共空间，并针对乡村旅游等产业进行整合。本节将会重点探索美丽乡村公共空间的经济效益。

一、美丽乡村公共空间与城市公共空间的差异

城市和乡村是不同类型的区域，这两者之间存在很大的差异，所以城市公共空间和乡村公共空间也有很多不同的地方。

城市公共空间是指城市中的公共场所，满足市民进行日常活动的需求，例如，文化娱乐、购物、用餐、运动等。随着城市化

的不断推进，城市人口规模不断扩大，城市公共空间也越来越重要。城市公共空间所提供的服务和设施都是针对大众需求而开发的，如公交车站、地铁站、商场、体育馆、公园等。城市公共空间的建设不仅为市民提供了便利的生活环境，也是提升城市品质的重要途径。

而乡村公共空间则针对乡村地区的特点而建设，在满足日常活动需求的同时，更注重体现乡村地区的特色和文化。乡村公共空间是为了满足游客、行人和车辆等在乡村地区流动时的停留、交流、购物、娱乐、休息等需求而建设的。在建设过程中，要注重融合农业、文化、自然环境等特色资源，体现出地域、文化和环境的独特性。

乡村公共空间的建设不仅有助于提升村庄的美观程度，还鼓励了农村旅游业的发展，吸引了更多的游客前来观光游览。通过开发游览线路，引导游客近距离了解当地的农业生产、文化习俗及传统艺术等，吸引游客回归自然，体验乡土风情。同时，旅游带来的消费需求也催生出了相关产业的发展，如特色小吃、住宿、旅游纪念品等。

在乡村公共空间的建设过程中，也为当地创造了更多的就业机会和发展空间，促进了乡村经济的发展。通过农村文化创意产业、旅游服务、农产品销售等，为农民提供更多的收入，缓解了农村劳动力流失的压力。同时，乡村公共空间的建设也为当地房地产市场的发展带来了新的机遇。优美的环境和人居文化，会让更多的人愿意来到乡村居住，这进一步刺激了农村房产市场的需求。

二、美丽乡村公共空间的经济效益

（一）带动农村旅游业发展

随着人们生活水平的不断提高和对环境品质的更高要求，农村旅游成为一个备受关注的热门话题。在这个背景下，美丽乡村公共空间的建设成为一个重要的途径，能够带动农村旅游业的发展。

乡村公共空间的建设可以为游客提供更便利的旅游场所，例如，乡村休闲广场、文化长廊、景点接待中心等。通过开发各种游览线路，引导游客近距离了解当地的农业生产、文化习俗及传统艺术等，吸引游客回归自然，体验乡土风情。例如，一些景区在乡村公共空间的建设方面下足了功夫，为游客提供了更加便捷的游览体验。一些游客可以借助线路规划进行自助游，或者参加当地的“带萌宝游乡村”等活动，亲身感受乡村生活和自然风光的美好。

此外，乡村公共空间的建设也催生了一系列相关产业的发展，例如，特色小吃、住宿、旅游纪念品等。一些风景区建设了美丽的小公园和农家乐，吸引游客前来休闲度假。农村产业发展的同时，也为农民提供了更多的收入来源。

乡村公共空间的建设还可以带动农村旅游业的数字化发展。如落实“互联网 +”等创新方式，基于信息化手段打造“互联网 +”农村旅游平台，进一步促进农村旅游业的发展，为游客提供更优质的旅游服务。

（二）推动乡村经济发展

美丽乡村公共空间的建设不仅有利于提升乡村的美观程度，更是一个有力推动乡村经济发展的途径。通过落实城乡一体化战略，发挥乡村的人文特色和自然资源优势，探索多元化的产业组合和经济活力释放模式，为乡村经济发展注入新的动力。

乡村公共空间的建设为当地创造了更多的就业机会和发展空间，促进了乡村经济的发展。充分挖掘当地的文化和历史底蕴，加强农村文化创意产业发展，提高农民的文化素质和创新能力。例如，一些地方建立了乡村文化创意园区，发展特色文化产品、吸引游客的同时，也创造了更多的就业机会和收入。

同时，美丽乡村公共空间的建设还促进了旅游服务和农产品销售。通过丰富多彩的旅游项目和多样化的场馆，吸引更多的游客和消费者，激发当地的消费需求和促进服务产业的发展。例如，一些地方发展了特色旅游、民宿和乡村美食，让游客真正感受到了乡村的美好风景和独特的文化魅力。

乡村公共空间的建设还有助于促进当地基础设施建设，如道路、水电、通信等。通过基础设施的完善和现代化建设，提供更好的服务和保障，满足当地的经济和生活需求，促进农村经济的快速发展和乡村人居环境的改善。

（三）促进乡村房地产的发展

随着城市化的进程加速，人们对美丽乡村的追求逐渐升温，推动乡村公共空间的建设，同时也展示了乡村房地产发展的潜力。美丽、舒适、安宁的环境和人居文化，吸引了更多人来到乡村定居和旅游，也促进了乡村房地产市场的需求增长，有力地推动了乡村的发展。

建设优质的生活环境和设施是推动农村房地产市场发展的关键。在乡村公共空间建设中，以美化、整治、绿化等手段提高当地的环境品质，增加教育、医疗、文化、体育等公共设施的投入与升级，满足不同层次人群的需求，为当地的经济和社会发展注入了新的活力。与此同时，政策和资金的扶持也为乡村房地产市场发展提供了保障，带动了农村房产市场的复苏。

闲置土地和房屋的二次开发也成为推进城乡融合和产业发展的重要路径。许多农民有着自己的土地和房屋，但由于各种原因，长期处于闲置状态。通过政府引导和产权调整，鼓励农民将闲置土地和房屋进行规划、改造和开发，可以为农民增加收入和提高土地的利用效率，更重要的是，可以拓宽农村房地产市场的空间，促进城乡经济的融合发展。

农村房地产市场的发展还可以带动乡村人口流动，增添新的人才和人口活力，进一步提升乡村发展的质量和速度。当人们能够在乡村找到好的居住环境和高品质的生活服务，将会更愿意在乡村定居生活。新农村的建设和发展，为人们提供了一个全新的居住、创业和发展空间，带动了乡村房地产市场的发展，同时也实现了城市和农村之间的互惠共赢。

（四）创造文化附加值和保护乡村文化遗产

随着经济的发展和人们对生活品质要求的提高，对于乡村的关注也日益增加。在美丽乡村公共空间的建设中，文化内涵的加入更是赋予了此次建设更加深远的意义。乡村中丰富的文化资源和传统工艺，不仅成为乡村市场的独特卖点，也为文化创意产业的发展带来了新的空间。

保护乡村文化遗产是文化附加值得以创造的重要前提。乡村文化遗产的保护，可以加强当地对历史、文化的认识，拓展乡村文化内涵，促进传统文化的传承与创新。在乡村美化的同时，保持自然景观和建筑的原貌，不仅可以强化其独特的文化魅力，也能够满足人们对文化记忆的回溯和复兴，更能够构建文化自信。

文化创意项目的发展也需要优秀的文化背景作为基础。通过文化资源的挖掘和开发，乡村工艺品、土特产、乡土美食等具有鲜明乡村特色的文化产品得以推广，在市场上获得更多的认可度和销售额。此外，通过文化创意产业的发展，也为乡村和村民创造了更多的经济发展机会和就业岗位。

乡村文化在美化和保护的基础上，有了更多的方式和形式来推广。建立文化博物馆、乡村文化节、民俗展示、文艺表演和庙会等活动都可以为当地带来文化附加值，并提高其文化品位。这些活动不仅可以为游客和居民带来愉悦的体验，还可以加深对于乡村文化的认识和感受，推动文化教育和文化旅游的发展。

第二节　经济效益评价方法的选择

随着城市化和工业化的不断发展，城市和乡村的发展越来越不均衡，城市经济的发展得到了快速提升，而乡村经济的发展却相对缓慢，农村地区的生活和生产条件也相对较差。因此，为了加强农村经济的发展，美丽乡村公共空间营造越来越受到广泛关注。

美丽乡村公共空间营造不仅是提升农村居民生活舒适度的重要手段，也是提高农民经济收入的重要方式之一。在美丽乡村公共空间营造的过程中，经济效益评价是必不可少的，因为只有评价了美丽乡村公共空间营造的经济效益，才能更好地指导美丽乡村公共空间的建设。

一、美丽乡村公共空间营造的经济效益

（一）提高农民收入

美丽乡村公共空间营造不仅是提升农村居民生活舒适度的重要手段，也是提高农民经济收入的重要方式之一。通过美丽乡村公共空间的打造，可以推动农村旅游和农村休闲等业态的发展，进一步增加农村休闲旅游项目，吸引更多游客，从而增加农民的收入水平。此外，美丽乡村公共空间的建设还可以促进农村新产业新业态的发展。通过对当地文化、民俗、历史等进行保护和开发，可以形成独特的风貌和特色，增强当地的文化旅游和商业氛围，吸引更多的游客和投资，从而带动农民的消费潜力，促进农业和农村经济的发展。

在美丽乡村公共空间营造中，可以打造特色小镇、美丽乡村旅游区等，通过特色村镇、旅游村等项目的建设，创建当地的旅游品牌，以此吸引游客前来旅游、探寻当地的历史、文化等。除此之外，还可以建立农家乐、民宿、度假村等民宿旅游项目，让游客更深入地了解当地的风土人情，并促进当地乡村经济的发展。

因此，美丽乡村公共空间营造不仅可以提高当地农民的收入水平，也能促进当地文化的传承和发展。

美丽乡村公共空间营造不仅可以提高农民的收入水平，还可以提升农村的整体形象。美丽乡村公共空间的打造，可以彰显特色和文化，形成独特的风貌，提升村镇的品质形象，影响当地的文化旅游和商业氛围，吸引更多的游客和投资。农村形象的提升也对村镇房价和土地价格产生了直接的影响。

除了增加农民收入、提升农村形象外，美丽乡村公共空间的建设还可以促进当地农产品的销售。通过美丽乡村公共空间的打造，可以增加市民对当地农产品的了解和接受程度，增强当地农产品的品牌影响力和美誉度，提高当地农产品的质量和竞争力，从而增加农民收入。

（二）提升村镇形象

乡村振兴是当前国家战略发展的重点之一，提升乡村的村镇形象是促进乡村振兴的必要手段之一。乡村对于城市来说，在自然资源、文化传承上都有自己的独特优势，同时也在城市化进程中承担着一些重要的角色，如食品生产和环保等。为了利用这些优势并推动乡村振兴，我们需要注重提升乡村的村镇形象，吸引更多游客和投资，为地方经济注入新的活力。

其中，美丽乡村公共空间的打造可以彰显特色和文化，提升村镇的品质形象。美丽乡村公共空间是指绿化带、广场、水系、公共文化设施等公共景观，以及可以方便市民的活动、游玩、休息的公共活动空间。这些区域的整体美化和规划，可以让整个乡村更加有生气和活力，提升乡村形象。

美丽乡村公共空间的建设可以发挥多方面的作用。首先，对于提升乡村的村镇形象来说，这类公共空间的建设可以打造出地方独特的风貌和文化氛围，吸引游客，为当地的乡村旅游带来新的局面。以往，乡村旅游的发展一直集中在自然景观上，而公共空间可以让更多的人看到当地文化，了解乡村的历史、文化和风俗，从而更好地了解和感受当地的氛围和情况。

其次，美丽乡村公共空间的建设也会影响当地的文化旅游和商业氛围，吸引更多的游客和投资。随着游客数量的增加，当地的商业环境也会不断发展壮大，打破传统乡村的单一固定模式，增加新的产业和业态，拉动乡村经济的发展。

最后，美丽乡村公共空间的建设对于提高乡村的村镇的房价和土地价格也起到积极的促进作用。通过公共空间的建设，可以提高当地的品质形象，引起外界品牌的关注，从而带动当地房地产市场的发展和提高当地的土地价格。

（三）促进当地农产品的销售

乡村振兴是当前国家的发展战略之一，在乡村振兴的实践过程中，促进当地农产品的销售是非常重要的任务之一。农业生产是乡村社会的重要组成部分，它既是乡村经济的重要支柱，也是保证人民温饱的一种重要手段。因此，通过美丽乡村公共空间的营造，可以增加市民对当地农产品的了解与接受程度，提高当地农产品的品牌影响力和美誉度，进而增加农民收入，实现乡村振兴的目标。

美丽乡村公共空间的营造可以通过多个方面的手段实现。首先，可以通过展示当地农产品的方式，让市民在游玩美丽乡村的同时，不仅可以欣赏美景，还可以品尝到当地的新鲜农产品。其次，可以通过在美丽乡村公共空间内设置当地农产品直销区，让市民可以随时随地买到当地的新鲜农产品。这些措施虽然看似简单常见，但却可以极大地提高市民对当地农产品的了解与接受程度，并且有效打造出当地农产品的品牌影响力和美誉度。

美丽乡村公共空间的营造对于促进当地农产品销售的意义非凡。首先，通过这种方式推广和销售当地农产品，可以扩大当地的销售市场，增加农民的收入来源，促进当地农业的发展。其次，通过美丽乡村的宣传推广，可以让更多的人了解到当地农产品的特色和品质，对于提高当地农产品的质量和竞争力都起到了积极的推动作用。这样不仅让市民有了更多的选择，还在一定程度上减少了中间环节的消耗，降低了商品的成本，从而促进了当地的经济发展。

除此之外，美丽乡村公共空间的营造对于改善农村地区人民的生活品质、增强乡村文化氛围都起到了重要的作用。首先，可以为市民提供一个美好的游玩环境，让市民可以享受到新鲜空气和美景，从而提高生活品质。其次，可以增强乡村地区的艺术氛围，增强人民的文化自信心，推动当地文化事业的发展。

二、美丽乡村公共空间营造的经济效益评价方法的选择

（一）成本效益分析法

成本效益分析法（CBA）是以经济费用与收益成本为基础，

从总体上分析美丽乡村公共空间营造的经济效益。CBA 方法主要采用计算总成本与总收益的比值，以确定其对于总体经济的影响程度，实现了通过经济评价方法来判断美丽乡村公共空间营造的实际效用。

CBA 方法的优势在于全面性强，计算准确性高，可以对各个美丽乡村公共空间营造计划进行有力的比较和筛选，能够较好地指导决策。但 CBA 方法也存在不足之处，比如，其对于有明显社会效益但难以拆分成纯经济效益部分的项目评估不足。

（二）决策树分析法

决策树分析法（DTA）是将美丽乡村公共空间营造的各决策节点编入决策树分支中，在确定各决策节点各自的概率后得到每个方案的预期总效益值。决策树分析法更注重于解决实际的判断矛盾，方案的不确定性和复杂性，以及此类不可量化状况出现的概率分数。

DTA 方法的优点在于可以量化不确定的因素，并且便于可视化分析，对于美丽乡村公共空间营造的决策分析较为适用。但 DTA 方法也存在不足之处，比如，对于决策树分析模型的建立和计算难以完成、数据准备复杂等。

（三）投资回收期法

投资回收期法（PBP）是指通过计算美丽乡村公共空间营造项目最初投资收回的时间程度，以确定项目的有效性和经济价值。PBP 方法便于理解，降低了企业风险并帮助决策者评估投资收益。只要 PBP 方法的投资回收期在行业标准时间范围内，就有可能生产正收益。

PBP方法的优点在于易于计算和比较，适用于估算现实利用价值较高的、收回成本较快的美丽乡村公共空间营造项目或方案。但是该方法没有考虑项目长期收益等问题。

综上所述，美丽乡村公共空间营造的经济效益评价方法应该根据不同的实际情况和需要进行选择。对于较复杂的美丽乡村公共空间营造项目，可以采用成本效益分析（CB）、数据包络分析（DTA）等定量评估方法进行评估；而对于较简单的美丽乡村公共空间营造项目，则可以使用利益相关者管理框架（SMF）、多标准评估框架（MEF）和景观评估框架（LAF）这些定性评估方法进行评估。在采用评估方法进行评估时，一定要对评估的目的、个体差异、评估结果的正确性和可靠性有充分的认识和掌握，以确保得出客观和准确的评估结果。

参考文献

[1] 洪登华，戴继勇，云振宇，等．美丽乡村视角下农村生活基础设施标准体系构建探析［J］．标准科学，2016（5）：52－55.

[2] 李江敏，魏雨楠，郝婧男，等．湖北省乡村旅游高质量发展的时空差异及演化特征研究［J/OL］．华中师范大学学报（自然科学版）：1－20［2023－07－24］．

[3] 李理，李莉萍，朱君萍，等．乡村振兴背景下乡土人才培养的现实困境与路径研究［J］．南方农机，2023，54（5）：92－95.

[4] 李亮．国内乡村民宿发展存在的问题与对策［J］．科技视界，2016（22）：140，146.

[5] 梁畅．探讨美丽乡村建设背景下乡村庭院景观设计［J］．建材与装饰，2016（8）：85－86.

[6] 林起曜．景观设计艺术在住宅庭院中的设计应用［J］．中国住宅设施，2023（3）：13－15.

[7] 彭宇欣，杨正钶．中国旅游经济发展与精准扶贫的耦合研究［J］．经济研究导刊，2020（13）：1－3，6.

[8] 魏玲丽．乡村振兴视域下提升休闲农业价值研究［J/OL］．价格理论与实践：1－5［2023－07－24］．

[9] 吴清，冯嘉晓，朱春晓，等．中国美丽乡村空间分异及

其影响因素研究 [J]. 地域研究与开发, 2020, 39 (3): 19-24.

[10] 武丽娟. 美丽乡村建设背景下乡村公共空间的再生设计研究 [J]. 艺术品鉴, 2020 (6): 181-182.

[11] 韩秀丽, 胡烨君, 马志云. 乡村振兴、新型城镇化与生态环境的耦合协调发展: 基于黄河流域的实证 [J]. 统计与决策, 2023, 39 (11).

[12] 袁梦瑶. 美丽乡村与乡土休闲旅游的可持续发展研究: 以袁家村为例 [J]. 农村经济与科技, 2022, 33 (11): 97-99.

[13] 张瑞才. 从理论实践上探索最美丽省份建设问题 [J]. 社会主义论坛, 2018 (9): 10-11.

[14] 张耀珑, 沈晨, 乔旭辉. 美丽乡村建设背景下农村住区公共空间的设计 [J]. 山西建筑, 2016, 42 (25): 9-10.

[15] 郑长德, 张玉荣. 民族地区融入新发展格局研究 [J]. 西南民族大学学报 (人文社会科学版), 2021, 42 (8): 69-77.